小動物基礎臨床技術シリーズ

卵巣子宮摘出術

著 福井 翔　金井 浩雄　三輪 恭嗣

EDUWARD Press

序　文

　小動物臨床獣医師となった1年目、教科書どおりにはいかないことを目の当たりにした先生方がほとんどだと思う。そして獣医学書を読み込む。大まかには理解できるものの、細かい部分がまったくわからない。「〜動静脈を結紮する。」と書いてあるけれど、それってどれ？　どうやって見つける？　模式図どおりにこんなにきれいに見えるの？　専門書を読んでも詳細にわからず、疑問点は残ったままである——。本書は実際と教科書の隙間を埋めるため、小動物臨床の「基礎臨床技術シリーズ」として2024年新たに発刊されることとなった。

　本書では、犬・猫の開腹による避妊手術、犬・猫の腹腔鏡による避妊手術、エキゾチックアニマルの避妊手術について解説している。開腹による避妊手術は臨床獣医師としては当たり前のように行わなければならない手術であるにもかかわらず、開腹がともなうことや腹腔内の他臓器との関連から去勢手術と比べ難易度が高い手術である。前述のとおり、専門書を読んでも理解できない部分は多々ある。本書ではなるべく写真と図を用いることで、普通は省略されてしまうような細かい部分を理解しやすいようにした。同じような写真が続くため見ていて少々飽きてしまうかもしれないが、数秒単位で写真を撮り、手術の流れを詳細に記載した。臨床に即して、よりリアルに表現したつもりである。先生方が初めて手術を行うときにはお役に立てるのではないかと思う（と言ったもののあまりに詳細に写真を求められるため、こんな部分まで本当に読んでくれるのか…と筆者は若干不安である）。この本、若手に教えるためにも使えるんですよ、と追記しておきたい。

　腹腔鏡により避妊手術を行うことができる施設は徐々に増えている。同時に、低侵襲外科がクローズアップされ飼い主側にも浸透しつつある。全体としてはまだまだ少ないものの、避妊手術を腹腔鏡下で行うことはそれほど特別なことではなくなってきており、十数年後には当たり前になっているかもしれない。したがって、若い先生方が腹腔鏡による避妊手術がどのようなものか知っておいて決して損はない、というより知っておいてほしい。エキゾチックアニマルの避妊手術は、病院によっては必須の技術である。詳しく記載している書籍は少なく、本書は犬・猫の避妊手術と同時にそれを知ることができる1冊である。

　本書が先生方にとって明日の手術の一助となれば幸いである。

2024年7月吉日
著者を代表して

福井　翔

執筆者一覧

■ 執筆者

福井　翔	ライフメイト動物救急センター八王子／ 江別白樺通りアニマルクリニック	（第1～3章）
金井　浩雄	かない動物病院	（第4章）
三輪　恭嗣	日本エキゾチック動物医療センター／ 東京大学附属動物医療センター／ 宮崎大学農学部附属動物病院	（第5章）

目　次

序　文 3

執筆者一覧 5

本書の使い方 8

第1章　犬と猫の避妊手術の概要

1. 避妊手術に対する考え方（術前検討と基本知識） 10
　　はじめに 10
　　手術のメリット・デメリット 10
　　手術によって防げる疾患と発生率が増加する疾患 10
　　手術の実施時期 12
　　卵巣摘出術と卵巣子宮摘出術に関する議論 12

2. 雌性生殖器の外科解剖 14
　　はじめに 14
　　生殖器（卵巣、卵管、子宮、腟）の構造 14
　　血管走行 16

第2章　犬と猫の卵巣子宮摘出術・卵巣摘出術

卵巣子宮摘出術・卵巣摘出術の概要 20
術前検査 20
術前の準備 22
犬の避妊手術：卵巣子宮摘出術 31
犬の避妊手術：卵巣摘出術 46
猫の避妊手術：卵巣子宮摘出術 48
術後管理 55

第3章　合併症とその対応

はじめに 58
腹腔内出血 58
卵巣遺残 60
子宮断端膿瘍（断端蓄膿症） 60
断端肉芽腫（縫合糸肉芽腫） 63

尿管損傷 ………………………………………………………………… 64

尿失禁（犬） ……………………………………………………………… 66

術後腹壁ヘルニア ……………………………………………………… 68

おわりに …………………………………………………………………… 68

第4章　犬と猫の腹腔鏡下卵巣子宮摘出術・卵巣摘出術

はじめに …………………………………………………………………… 72

腹腔鏡手術の概要 ……………………………………………………… 72

外科解剖、発生学 ……………………………………………………… 74

使用する機材と術前の準備 …………………………………………… 76

術前の準備 ……………………………………………………………… 81

周術期管理 ……………………………………………………………… 82

犬の腹腔鏡下卵巣子宮摘出術（3ポート法）：トロッカーの設置 …… 84

犬の腹腔鏡下卵巣子宮摘出術（3ポート法）：腹腔内での操作 …… 90

犬の腹腔鏡下卵巣子宮摘出術（3ポート法）：体外での操作 ……… 98

犬の腹腔鏡下卵巣摘出術（3ポート法） ……………………………… 108

猫の腹腔鏡下卵巣子宮摘出術 ……………………………………… 109

Column　1　腹腔鏡下卵巣子宮摘出術（2ポート法） ………… 110

術後管理 ………………………………………………………………… 111

合併症とその対応 ……………………………………………………… 111

腹腔鏡手術の練習法 …………………………………………………… 113

おわりに …………………………………………………………………… 113

第5章　エキゾチックアニマルの避妊手術

1.ウサギの避妊手術 …………………………………………………… 116

　はじめに ……………………………………………………………… 116

　手術のメリット・デメリット ………………………………………… 116

　実施時期 ……………………………………………………………… 116

　生殖器の解剖 ………………………………………………………… 116

　術前検査 ……………………………………………………………… 117

　術前準備および麻酔 ………………………………………………… 119

　術　式 ………………………………………………………………… 122

術後管理	132
合併症	132
おわりに	132
2.ハリネズミ（ヨツユビハリネズミ）の避妊手術	134
はじめに	134
手術のメリット・デメリット	134
実施時期	134
生殖器の解剖	134
術前検査	134
術前準備および麻酔	135
術　式	138
術後管理	146
合併症	146
おわりに	146
その他の動物の卵巣子宮摘出術について	147
索　引	148
執筆者プロフィール	150

本書の使い方

- 本書は、公益社団法人 日本獣医学会の「疾患名用語集」にもとづき疾患名を表記していますが、一部そうでない場合もあります。

- 臨床の現場で使用される用語の表現については基本的に執筆者の原稿を活かしています。

- 本書に記載されている薬品・器具・機材の使用にあたっては、添付文書（能書）や商品説明書をご確認ください。

【動画について】

- マークのついている図版は、動画と連動しています。URLを打ち込んでいただくか、QRコードを読みとっていただき、動画をご視聴ください。

第1章

犬と猫の避妊手術の概要

1. 避妊手術に対する考え方（術前検討と基本知識）
2. 雌性生殖器の外科解剖

1. 避妊手術に対する考え方
（術前検討と基本知識）

はじめに

　避妊手術に対する考え方は獣医師によってさまざまであるが、基本的には避妊手術を勧める獣医師、動物病院が多いと思われる。インフォームドコンセントの際に最も多く用いられる避妊手術を行うべきとする理由は、乳腺腫瘍の発生率を下げられる、子宮疾患（おもに子宮蓄膿症）に罹患しなくなる、この2つではないだろうか。「デメリットは？」と聞かれると麻酔や手術による短期的な合併症以外はあまりピンと来ないのではないかと思う。第1～3章では犬・猫の避妊手術のインフォームドコンセントを行う際に役立つと思われる知識をはじめ、手術に必要な解剖、手術の術式と注意点、合併症とその対策についてできるかぎりわかりやすく解説したいと思う。

手術のメリット・デメリット

　避妊手術のメリット、デメリットについて細かく検討するとさまざまなことが考えられる。メリットとデメリットを総合して考えるとメリットのほうが大きいと考えられるため、手術を勧められることが多いと思われる。メリットとして挙げられる妊娠の防止や子宮疾患の防止などは、物理的に子宮を摘出することによってもたらされるため、間違いなくメリットになり得る。

メリット

・妊娠の防止
・寿命の延長（犬：26.3％延長[1]）
・特定の疾患の防止と発生率の低下
　子宮疾患の防止（おもに子宮蓄膿症）や悪性乳腺腫瘍の発生リスクの低減

デメリット

・手術の短期的リスク：麻酔、周術期合併症
　去勢避妊手術専門病院での死亡率：犬0.009％、猫0.05％（雄雌含む）、雌では0.05％（犬猫含む）[2]

・肥満
・特定の疾患の発生率の増加
　猫：糖尿病
　犬：腫瘍性疾患、関節疾患（前十字靭帯断裂など）、尿失禁

手術によって防げる疾患と発生率が増加する疾患

防げるもしくは発生率が減少する疾患

子宮蓄膿症

　避妊手術を行うと子宮蓄膿症をほぼ100％防ぐことができる。

犬の子宮蓄膿症[3]

・発症平均年齢：8歳齢
・未避妊の場合、10歳齢までに罹患するリスク：25％
・好発犬種：ジャーマン・シェパード・ドッグ、ゴールデン・レトリーバー、ラブラドール・レトリーバー、ロットワイラー、コリー

猫の子宮蓄膿症[4]

・発症年齢中央値：4歳齢
・未避妊の場合、13歳齢までに罹患するリスク：2.2％
・死亡率：5.6％

悪性乳腺腫瘍の発生リスクの低減

　古いがよく引用される文献がある。その文献によると、犬の避妊手術を初回発情前に行った場合0.5％、発情1回目後では8％、発情2回目以降から2.5歳齢まででは26％まで悪性乳腺腫瘍の発生率を下げることができると報告されている[5]（表1-1-1）。1969年に報告された論文であり、環境がまったく同じではないためこの報告と現在の発生率が同じとはいえない。しかし、筆者の経験上ではあるが、少なくとも減少効果はあると考えている。

　猫では、避妊手術を6カ月齢未満で行うことで乳腺癌のリスクを91％減少することができる。また、7～12カ月齢では86％、13～24カ月齢では11％、それ以降では減少効果は認められない[6]（表1-1-2）。

表1-1-1	犬における避妊手術の年齢と悪性乳腺腫瘍の発生率

避妊手術の時期	悪性乳腺腫瘍の発生率
初回発情前	0.5%
発情1回目後	8%
発情2回目後〜2.5歳齢まで	26%

表1-1-2	猫における避妊手術の年齢と悪性乳腺腫瘍の発生低下率

避妊手術の時期	発生低下率
6カ月齢未満	91%
7〜12カ月齢	86%
13〜24カ月齢	11%
24カ月齢以降	効果なし

発生率が増加する疾患

肥満

疾患とはいえないかもしれないが、肥満のリスクが上昇する。避妊手術を行うことによりエストロジェンが減少し、代謝の低下および食欲増進が認められることによる[7]。

血管肉腫

犬に避妊手術を行うと血管肉腫に罹患するリスクが高くなるという報告がある[8]。ゴールデン・レトリーバーは1歳齢以降に避妊手術を行うと、1歳齢未満での避妊手術の実施および未避妊の場合と比較して血管肉腫のリスクが有意に高くなると報告されている[9]。また、日本ではほとんど見かけることはないが、ビズラは避妊手術を行うと血管肉腫のリスクが有意に高くなると報告されている[10]。

骨肉腫

犬に避妊手術を行うと骨肉腫に罹患するリスクが高くなるという報告がある[11]。ロットワイラーは1歳齢未満で避妊手術を行うと、未避妊の場合と比較して骨肉腫のリスクが3.8倍高くなると報告されている[12]。

肥満細胞腫

ゴールデン・レトリーバーは1歳齢以降に避妊手術を行うと、1歳齢未満での避妊手術の実施および未避妊の場合と比較して肥満細胞腫のリスクが有意に高くなると報告されている[9]。また、ビズラは年齢にかかわらず避妊手術を行うと肥満細胞腫のリスクが有意に高くなると報告されている[10]。

関節疾患

大型犬に対して避妊手術を行うと関節疾患に罹患するリスクが高くなるという報告が多数ある。体重別にみた雑種犬の報告では20〜39 kgの症例に対して1歳齢未満で避妊手術を行うと、関節疾患のリスクが有意に高くなると報告されている[13]。この報告では40〜49 kgの症例の場合、避妊、未避妊による有意な差はないものの、そもそも両群ともに関節疾患の罹患率が高い。

股関節形成不全

ラブラドール・レトリーバーでは2歳齢未満で避妊手術を行うと、それ以降に避妊手術を行った場合や未避妊の場合と比較して股関節形成不全のリスクが有意に高くなると報告されている[14]。この報告では避妊手術後の体重増加が罹患リスクの上昇にかかわっていると考察されている。

前十字靭帯断裂

前十字靭帯断裂症例をそれぞれ10,000症例、3,218症例調べた後ろ向き研究ではいずれも中性化手術により前十字靭帯断裂の罹患リスクが高くなると報告している[15, 16]。

尿失禁

犬で避妊手術により尿失禁のリスクが増加するという報告がいくつかある。尿失禁は実際に診る機会が多いため、体感的にも理解しやすいかもしれない。1,842症例の犬を用いた研究では、3カ月齢未満で避妊手術を行った場合の尿失禁の発生率が12.9%、3カ月齢以降に行った場合が5.0%と、3カ月齢未満で行った場合のほうが尿失禁の発生率を有意に上昇させたと報告さ

れている[17]。

また、15 kg以上の犬は15 kg未満の犬より7倍発症しやすいという報告（手術時期は4カ月齢以降）もあるため、大型犬の避妊手術を行う際のインフォームドコンセントには注意が必要である[18]。

手術の実施時期

前述のとおりさまざまな意見はあるが、特定の犬種を除き、避妊手術は4～6カ月齢で行うことが適切だと思われる。特定の大型犬種は前述の項目を参照して手術の実施を決定してほしい。地域猫やシェルター内の犬・猫に関しては、妊娠を確実に防ぐという目的からより早い6週齢から避妊手術を行うことを推奨しているグループもある。

卵巣摘出術と卵巣子宮摘出術に関する議論

結論からいうと、卵巣を取り除くことができればどちらの術式でも問題ない。米国では卵巣子宮摘出術が多く選択され、欧米では卵巣摘出術が多く選択される。日本では卵巣子宮摘出術のほうが多く選択されるのではないかと思われる。卵巣摘出術の利点は卵巣のみを摘出すればいいため切開創が小さく、手術時間が短いこと、尿管が接近する子宮頸を触らないため尿管損傷のリスクが低いことである。卵巣子宮摘出術の利点は、卵巣に加えて子宮も摘出するため、術後、子宮疾患に罹患しなくなることである。

2つの術式を比較した犬の報告[19]では手術時間、疼痛の程度、合併症の頻度に有意な差はなかったが、術創の大きさは卵巣子宮摘出術のほうが大きかったとしている。もう1つの報告では卵巣子宮摘出術は時間がかかり、子宮頸管結紮部からの出血リスク、尿管を損傷するリスク、卵巣遺残のリスクも高くなること、たとえ子宮を残したとしても子宮腫瘍の発生率は0.003％であるため、卵巣摘出術を選択すべきとしている[20]。

2つの術式を比較した猫の報告では手術時間に有意差はあるものの（卵巣摘出術25分 vs. 卵巣子宮摘出術30分）、疼痛、術後24時間後の血糖値、合併症の頻度には有意な差がなかったとしている（術創の大きさは不明）[21]。

筆者の個人的な意見としては卵巣子宮摘出術のほうが子宮頸の結紮や尿管の確認などより多くのステップが必要となり、今後の技術向上を考えたうえでは有用であるため、そちらを選択したほうがよいのではないかと考えている。

【参考文献】

1. Hoffman, J. M., Creevy, K. E., Promislow, D. E.(2013): Reproductive capability is associated with lifespan and cause of death in companion dogs. *PLoS One.*, 8(4):e61082.
2. Levy, J. K., Bard, K. M., Tucker, S. J., *et al.*(2017): Perioperative mortality in cats and dogs undergoing spay or castration at a high-volume clinic. *Vet. J.*, 224: 11-15.
3. Hagman, R., Lagerstedt, A. S., Hedhammar, Å., *et al.*(2011): A breed-matched case-control study of potential risk-factors for canine pyometra. *Theriogenology.*, 75(7):1251-1257.
4. Hagman, R., Holst, B. S., Moller, L., *et al.*(2014): Incidence of pyometra in Swedish insured cats. *Theriogenology.*, 82(1):114-120.
5. Schneider, R., Dorn, C. R., Taylor, D. O.(1969): Factors influencing canine mammary cancer development and postsurgical survival. *J. Nalt. Cancer Inst.*, 43(6): 1249-1261.
6. Overley, B., Shofer, F. S., Goldschmidt, M. H., *et al.*(2005): Association between ovarihysterectomy and feline mammary carcinoma. *J. Vet. Intern. Med.*, 19(4): 560-563.
7. Fransson, B. A.(2017): Ovaries and Uterus. In : Veterinary surgery: small animal (Tobias, K. M., Johnston, S. A. eds.), 2nd ed., pp. 2109-2129, Elsevier.
8. Prymak, C., McKee, L. J., Goldschmidt, M. H., *et al.*(1988): Epidemiologic, clinical, pathologic, and prognostic characteristics of splenic hemangiosarcoma and splenic hematoma in dogs: 217 cases (1985). *J. Am. Vet. Med. Assoc.*, 193(6):706-712.
9. Riva, G. T., Hart, B. L., Farver, T. B., *et al.*(2013): Neutering dogs: effects on joint disorders and cancers in golden retrievers. *PLoS. One.*, 8(2):e55937.
10. Zink, M. C., Farhoody, P., Elser, S. E., *et al.*(2014): Evaluation of the risk and age of onset of cancer and behavioral disorders in gonadectomized Vizslas. *J. Am. Vet. Med. Assoc.*, 244(3):309-319.
11. Ru, G., Terracini, B., Glickman, L. T.(1998): Host related risk factors for canine osteosarcoma. *Vet. J.*,

156(1):31-39.

12. Cooley, D. M., Beranek, B. C., Schlittler, D. L., *et al.*(2002): Endogenous gonadal hormone exposure and bone sarcoma risk. *Cancer Epidemiol Biomarkers Prev.*, 11(11):1434-1440.

13. Hart, B. L., Hart, L. A., Thigpen, A. P., *et al.*(2020): Assisting Decision-Making on Age of Neutering for Mixed Breed Dogs of Five Weight Categories: Associated Joint Disorders and Cancers. *Front. Vet. Sci.*, 7:472.

14. Hart, B. L., Hart, L. A., *et al.*(2014): Long-term health effects of neutering dogs: comparison of Labrador Retrievers with Golden Retrievers., *PLoS One.*, 9(7): e102241.

15. Whitehair, J. G., Vasseur, P. B., Willits, N. H.(1993): Epidemiology of cranial cruciate ligament rupture in dogs. *J. Am. Vet. Med. Assoc.*, 203(7):1016-1019.

16. Slauterbeck, J. R., Pankratz, K., Xu, K. T., *et al.*(2004): Canine ovariohysterectomy and orchiectomy increases the prevalence of ACL injury. *Clin. Orthop. Relat. Res.*, (429): 301-305.

17. Spain, C. V., Scarlett, J. M., Houpt, K. A.(2004): Long-term risks and benefits of early-age gonadectomy in dogs. *J. Am. Vet. Med. Assoc.*, 224(3):380-387.

18. Forsee, K. M., Davis, G. J., Mouat, E. E., *et al.*(2013): Evaluation of the prevalence of urinary incontinence in spayed female dogs: 566 cases (2003-2008). *J. Am. Vet. Med. Assoc.*, 242(7):959-962.

19. Peeters, M. E., Kirpensteijn, J.(2011): Comparison of surgical variables and shortterm postoperative complications in healthy dogs undergoing ovariohysterectomy or ovariectomy. *J. Am. Vet. Med. Assoc.*, 238(2):189-194.

20. van Goethem, B., Schaefers-Okkens, A., Kirpensteijn, J.(2006): Making a rational choice between ovariectomy and ovariohysterectomy in the dog: a discussion of the benefits of either technique. *Vet. Surg.*, 35(2):136-143.

21. Pereira, M. A. A., Gonçalves, L. A., Evangelista, M. C., *et al.*(2018): Postoperative pain and short-term complications after two elective sterilization techniques: ovariohysterectomy or ovariectomy in cats. *BMC Vet. Res.*, 14(1):335.

2. 雌性生殖器の外科解剖

はじめに

　手術を行ううえで、解剖を理解することはとても重要である。はじめて避妊手術を行う際は子宮や卵巣を見つけることも難しい。子宮の位置が腎臓尾側、腸管の外側（最も腹壁に近い）、膀胱の背側であることを知っていると、そのいずれかの情報から発見に至る（図1-2-1）。また、腹腔内で腸管に埋もれている子宮を見つけることは難しいが、子宮は空腸と比較して血管が漿膜面を縦横無尽に走行するため、やや赤っぽく見えることが多い。また、結腸と比べるとそれがより顕著である。肥満や年齢によって脂肪が多い場合は、子宮を見つけることがより困難となるため、これらの特徴を理解していることが必要である。

生殖器（卵巣、卵管、子宮、腟）の構造[1]（図1-2-2）

　卵巣は左右一対存在する。子宮はY字形をしており尾側端で腟となる。これらの生殖器は左右それぞれの子宮広間膜により背側から吊り下げられている。

卵巣（図1-2-3）

　卵巣間膜と卵管間膜は広く融合し、卵巣を包み込む嚢を形成する。卵巣周囲には卵巣を取り巻く脂肪が存在する。犬では脂肪が多量にあり、卵巣の大部分を覆っているため摘出時は卵巣の取り残しに注意が必要である。猫や若齢犬では脂肪が少なく卵巣を視認できる場合が多い。卵巣の大きさはビーグル犬程度のサイズの犬（体重11 kg前後）では15×10×6 mmほどで、硬く扁平な楕円形である。猫でも形状は犬と大差ないが、大きさは長径で8〜9 mmである。発情前の卵巣は表面が滑らかだが、発情期は不規則な形で大きな卵胞や黄体が発達する。

　卵巣は腎臓尾側に位置するが、時として腎臓に近接していることがある。左右の腎臓の位置が異なることにより左側卵巣は右側卵巣より少し尾側に位置する。腹部正中切開で卵巣にアプローチする場合は右側の卵巣のほうがより頭側に位置するため摘出が困難であり、卵巣遺残の可能性が高くなる。胸の深い犬種ではより卵巣の位置が遠くなるためアプローチがより困難となる。腹腔鏡下手術でのアプローチでは作業スペースが広くなるというこの点はむしろ利点になるため、大型犬ではより有効な方法となる。卵巣は卵巣提索と固有卵巣索で固定されている。卵巣提索は卵巣を頭側に固定する。卵巣提索は最後肋骨および第12肋骨の肋骨中央部〜腹側に起始する。卵巣の尾側は固有卵巣索により固定されており、固有卵巣索は子宮角の頭側端に終止する。

卵管（図1-2-3）

　卵管は卵母細胞を卵巣から子宮へと運ぶ管である。卵巣と子宮の距離はきわめて近いが、卵管は卵巣を1周して子宮に到達するため、犬の平均的な卵管の長さは4〜7 cmと長く、直径は1〜3 mmである。猫の卵管の長さは3〜5 cmである。

子宮（図1-2-2）

　小〜中型犬および猫では、子宮は卵巣、卵管が付着する左右の子宮角、それらが正中でつながった2〜3 cmの子宮体、その尾側で腟と連絡する子宮頸からなる。子宮頸は長さが短く1 cmほどである。子宮頸は括約筋が存在するため厚くなっており、性周期によりこの部分の交通を制御することができる。

腟（図1-2-2）

　犬・猫の腟は非常に長く骨盤内を水平に伸び、腟前庭と結合する。腟と腟前庭との境界の腹側正中に尿道の出口である外尿道口が存在する。腟前庭は腹側へ傾斜しているため、腟鏡などを用いて外尿道口を確認する際は、腹側から背側へ向けて器具を挿入する必要がある。

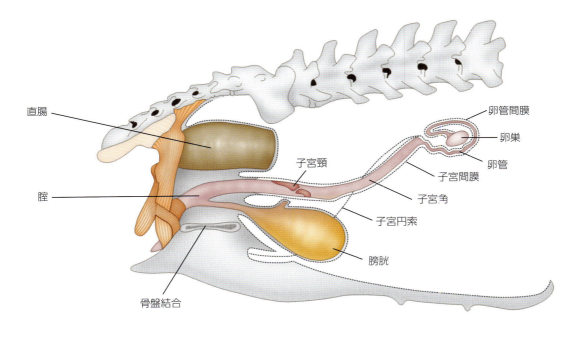

図1-2-1 雌犬の生殖器の解剖図（縦断）（文献1より引用、改変）

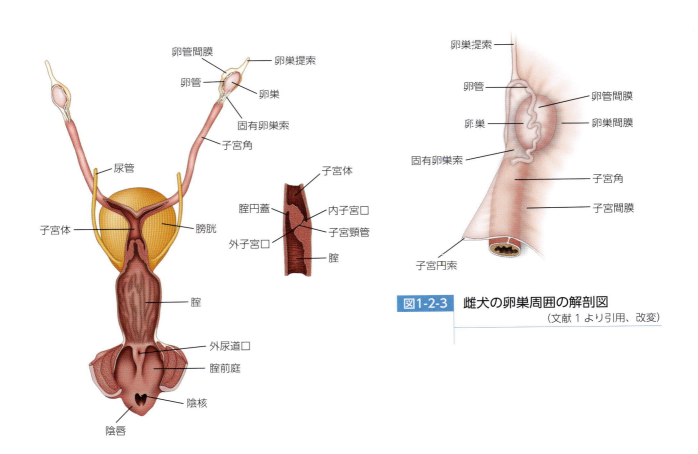

図1-2-2 雌犬の生殖器の解剖図（腹側観）（文献1より引用、改変）

図1-2-3 雌犬の卵巣周囲の解剖図 （文献1より引用、改変）

血管走行[1] （図1-2-4）

　卵巣・子宮へ分布する動静脈の構造は犬・猫ともに大きく変わらない。犬のほうが脂肪の量が多いため手術を行う際は注意が必要である。卵巣、子宮はおもに卵巣動静脈、および子宮動静脈の二重支配を受けている。

　卵巣動脈は腹大動脈から直接分岐する。分岐する位置は腎動脈と深腸骨回旋動脈の間で、中央部かやや腎動脈寄りである。卵巣の位置と同様に、右側の卵巣動脈がやや頭側で分岐する。卵巣動脈は卵巣や卵管、子宮へ血液を供給しつつ尾側へ向かい、子宮動脈と吻合する。子宮動脈は内腸骨動脈から内陰部動脈、腟動脈に分岐しその後、子宮動脈となる。子宮頸、子宮体では左右に血管が走行しているため、手術時に血管を処理する際は左右一括、ないし左右それぞれを処理しなければならない。

　子宮静脈は動脈と同様に走行し分岐するが、卵巣静脈は左右で走行が異なる。右側の卵巣静脈は直接、後大静脈に流れ込むが、左側の卵巣静脈は左側の腎静脈に入りその後、後大静脈に流れ込む。

【参考文献】

1. Evans, H. E., Lahunta, A.(2013): The urogenital system. In: Miller's anatomy of the dog, 4th ed., pp.361-405, Elsevier.

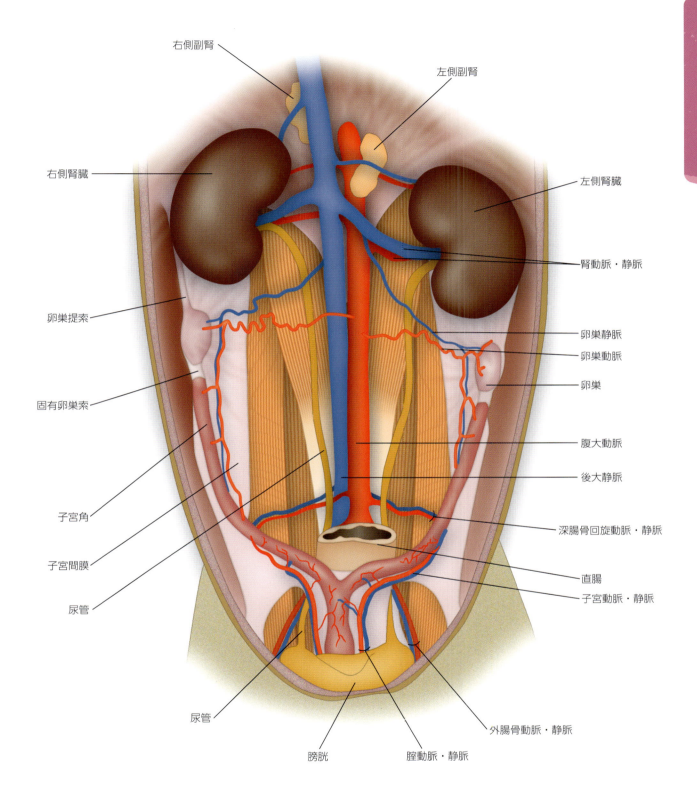

図1-2-4 雌犬の腹部の血管走行（文献1より引用、改変）

第2章

犬と猫の卵巣子宮摘出術・卵巣摘出術

犬と猫の卵巣子宮摘出術・卵巣摘出術

卵巣子宮摘出術・卵巣摘出術の概要

腹腔鏡下手術と比較してのメリット・デメリット

メリット

最大のメリットは特殊な機器を必要としないことである。多くの病院で一般的に行われている手技であるため、すでに多くの獣医師がその技術を習得しており、未修得者が技術を教わる機会も多い。また、特殊な機器を使用しないぶん、費用も安価になる。手術する際、一目で腹腔内全体を見ることができる点、臓器を直接触知できるといった点もメリットである。腹腔鏡下手術と比較して麻酔時間が短くなることも一般的にはメリットといわれるかもしれないが、腹腔鏡下卵巣子宮摘出術や卵巣摘出術に関しては技術が向上すればどちらの術式でも大差はなくなる。大型犬であればむしろ腹腔鏡下手術のほうが手術時間が短くなるかもしれない。腹腔鏡下手術のデメリットといってもいいかもしれないが、腹腔鏡下手術特有の合併症が起こらないことも開腹下手術のメリットである（皮下気腫など）。

デメリット

最大のデメリットは侵襲が大きくなることである。切開創が大きく、卵巣・子宮以外の臓器も触知してしまうこと、臓器が空気に触れてしまうことから癒着や疼痛の増加につながる。また、技術を教える際に教える人と教わる人が同じ視野になることが難しいという点もデメリットである（腹腔鏡下手術ではまったく同じ視野で教えながら手術をすることが可能である）。

術前検査

多くの場合、不妊や子宮疾患の防止、乳腺腫瘍の防止を目的として1歳齢以下で行われる。そのため、術前検査の基本的な目的は正常であることの確認と麻酔をより安全に行うことができるかどうかの確認である。

身体検査

一般身体検査を含め、麻酔をかけるうえで必要な検査を実施し異常がないことを確認する。短頭種であれば必要に応じて鼻孔拡張や軟口蓋切除術を行うことになるため、呼吸器症状に関しての問診を行い、呼吸様式を確認する。また、筆者の経験上、麻酔をかけた際に乳歯遺残が見つかり、乳歯抜歯についての追加のインフォームが必要になることを時に経験するため、術前検査の際に乳歯の有無は確認する。

腹部の触診と外陰部の視診は必ず行う。腹部の触診はおもに胎子の確認、乳腺腫瘍の確認を目的に行う。とくに保護猫では胎子の有無の確認は必ず行うべきである。老齢の犬・猫では乳腺腫瘍の有無の確認を行い、乳腺腫瘍がある場合は少なくとも組織生検を行うようにする。子宮蓄膿症を疑う際は腹部の圧迫による子宮破裂を避けるため、乳腺部の確認のみ行う。

外陰部の形態、分泌物の有無を確認する。発情期および発情前期には外陰部が通常のサイズと比較して2〜3倍に腫れるため、腫れている場合は発情期と判断できる。発情期に避妊手術を行うことは不可能ではないが、発情期は血管が発達し、子宮が厚くなることから、血管結紮や子宮頸の処理の難易度が上がる。とくに犬においては、可能であれば発情期を避けて避妊手術を行うほうがよい。外陰部からの分泌物に多量の細菌が認められる場合は子宮蓄膿症や腟炎が疑われる。

血液検査

CBCおよび基本的な血液化学検査を実施する。異常が認められた場合は、その項目に対しての追加検査を実施する。時に認められる異常として、1歳齢以下でTP（総タンパク）の低下やアルブミン濃度の低下、BUN（血中尿素窒素）の低下が認められることがある。その場合は門脈体循環シャントが疑われるため、追加の検査（食事前後の総胆汁酸、アンモニア）が推奨される。子宮蓄膿症が疑われる場合は白血球の桿状核出現の確認、CRP上昇がないかどうかを確認する。

X線検査

前述のように、不妊手術を受ける動物の多くは正常であるため、麻酔前検査を想定したX線検査（肺野、

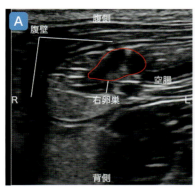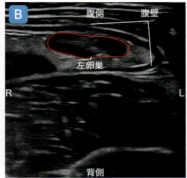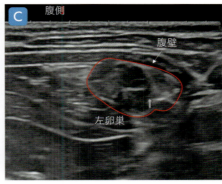

猫の右側卵巣　　　　　　　　猫の左側卵巣　　　　　　　　犬の左側卵巣

図2-1 卵巣の超音波検査所見
腎臓をランドマークとしてプローブを横断方向に置き、尾側に向かって走査する。腹側および側面の腹壁沿いを注視すると楕円形を呈する卵巣が描出される。

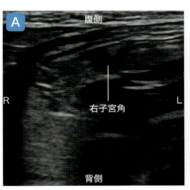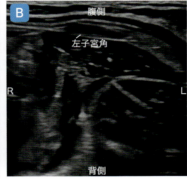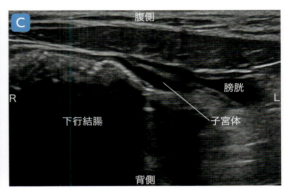

右側の子宮角　　　　　　　　左側の子宮角　　　　　　　　子宮体

図2-2 子宮の超音波検査所見（猫）

心臓の形状を確認するための胸部X線検査）を行う。卵巣や子宮の腫瘍性疾患が疑われる場合は現病巣確認のための腹部X線検査、遠隔転移を確認するための胸部X線検査を実施する。

妊娠を確認するためにX線検査を行うことは可能である。しかし、X線検査では胎子骨格の石灰化が認められる妊娠後期（45日以降）でのみ妊娠の確認が可能となるため、より早期に妊娠の確認が可能な超音波検査のほうが有用である。また、妊娠日を推測するためには有用だが避妊手術を行ううえでは大きな意味をもたない。子宮蓄膿症でもX線検査を行うことはあるが、やはり超音波検査のほうが液体貯留の検出力が高い。

超音波検査

卵巣や子宮の詳細な構造を確認するために有用な検査である。しかし、選択的不妊手術を行う際に必須な検査ではない。妊娠の可能性がある症例に対しては有用な検査である。

卵巣（図2-1）

卵巣は楕円形の構造を呈し、通常は腎臓の尾外側に位置する。卵巣の大きさは発情周期の段階にもよるが犬で約1～2 cm、猫で1 cm未満である。発情周期によっては無エコー性の卵胞や黄体が複数個認められる。

卵巣を描出する際は、腎臓をランドマークとしてプローブを横断方向に置き、尾側に向かって走査する。この際に腹側および側面の腹壁沿いを注視すると楕円形を呈する卵巣が描出される。

子宮（図2-2、2-3）

非妊娠時の子宮は目立たず、教科書的には犬で同定困難、猫で同定不能といわれているが、超音波検査装置の発展によって正常な犬や猫の子宮が描出可能となった。子宮頸管の大きさや外観は動物の大きさ、過

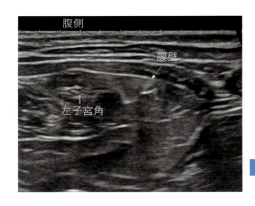

図2-3 子宮の超音波検査所見（犬）

去の妊娠歴、発情周期の段階によってさまざまである。

　子宮を描出する際はまず卵巣を描出するとよい。左右の子宮角の頭側端は左右の卵巣と連続しているため、そこから尾側方向に管状構造を呈する子宮角を追跡する。もしくは、子宮体および子宮頸は膀胱と結腸間に位置しているため、子宮体および子宮頸を描出してから頭側方向に管状構造を呈する子宮角を追跡することによって、子宮全体を描出することが可能である。

術前の準備

前処置および麻酔薬の準備

　誤嚥を防止するため6カ月齢以上の犬・猫では12〜18時間の絶食を行う。飲水は麻酔の3時間前まで行ってもよい。6カ月齢未満の幼齢動物は低血糖を引き起こしやすいため、絶食時間を4〜6時間に留めておく。より幼齢で不安がある場合は絶食後、数時間おきに糖液を少量経口投与するか、糖を含む輸液剤の輸液を行う。

　避妊手術は若くて健康的な動物で行うことが多い。そのため、多くの麻酔薬から使用する薬剤を選択できる。麻酔の目的は鎮痛、鎮静、筋弛緩であるが、とくに、行う手術の痛みの程度により麻酔薬を選択しなければならない。痛みの程度を4つ（軽度〜中等度、中等度、重度、耐えがたい痛み）に分けたとき、卵巣子宮摘出術はある成書[1]には、若齢では軽度〜中等度、成犬以上および肥満犬では中等度と記載されている。WSAVAの疼痛ガイドライン[2]ではすべて中等度に分類されている。このガイドラインには避妊手術に対する麻酔プロトコールも記載されているため引用する（表2-1、2-2）。最新のものは英語で公表されており、

少し古いものに日本語訳もあり、本術式以外の手術の場合のプロトコールも記載されているため必要に応じて参考にされたい[3]。薬剤の投与量も参考程度に記載しておく（表2-3）。

　術後どのくらいの期間、疼痛管理を行うかは難しい。入院中は注射薬を使用できるため疼痛管理は比較的容易であるが、退院後は経口投与薬が基本となるため使用できる薬剤が大幅に制限される。NSAIDsは経口投与薬があり使用しやすいが、とくに猫では術後管理として承認されているものがなく、犬より副作用が生じやすいため使用には注意が必要である。

抗菌薬の使用

　病的ではない動物に実施されるいわゆる避妊手術では創部の感染がないため、抗菌薬の使用用途としては予防抗菌薬となる（表2-4）。予防抗菌薬の目的は、手術部位感染症（SSI）の発生率の減少とされている[4]。予防抗菌薬は組織の無菌化を目標にするのではなく、術中汚染による細菌量を宿主防御機構でコントロールできるレベルまで下げるために補助的に使用する。予防抗菌薬は非使用の場合と比較して有意にSSIが低率となる手術において適応となる。避妊手術のような清潔創ではそもそもSSIの発生率がきわめて低率であるため、予防抗菌薬が必要かどうかを証明することが困難である。そのため、抗菌薬を使用するとしても手術直前に使用を開始し、術後24時間以内の使用に留める。予防を目的に抗菌薬を用いる場合は、手術が始まる時点で十分な殺菌作用を示す濃度に到達している必要があるため、皮膚切開の1時間以内に抗菌薬の投与を開始する。

　感染症が疑われる場合は、感染している可能性が高

表2-1 犬の卵巣子宮摘出術／卵巣摘出術のプロトコール[3]

日本で手に入りにくい薬は省略および改変している。

	投与経路	麻薬、向精神薬あり	麻薬、向精神薬なし	薬剤の種類に制限がある場合
前投薬		オピオイド±アセプロマジン or ミダゾラム±α_2作動薬	NSAIDs＋α_2作動薬	NSAIDs＋α_2作動薬
麻酔導入薬	IV	以下から選択 プロポフォール ケタミン＋ミダゾラム アルファキサロン	以下から選択 プロポフォール アルファキサロン	適切なものならなんでもよい
	IM	オピオイド＋α_2作動薬＋ケタミン		
麻酔維持		以下から選択 吸入麻酔薬 ケタミン プロポフォール アルファキサロン	以下から選択 吸入麻酔薬 プロポフォール アルファキサロン	適切なものならなんでもよい
局所麻酔薬		切開線ブロック± 腹腔内ブロック	切開線ブロック± 腹腔内ブロック	切開線ブロック± 腹腔内ブロック
術後疼痛管理		NSAIDs	NSAIDs	NSAIDs

IM：筋肉内投与、IV：静脈内投与

表2-2 猫の卵巣子宮摘出術／卵巣摘出術のプロトコール[3]

日本で手に入りにくい薬は省略している。

	投与経路	麻薬、向精神薬あり	麻薬、向精神薬なし	薬剤の種類に制限がある場合
前投薬		オピオイド±アセプロマジン or α_2作動薬±ケタミン	NSAIDs＋α_2作動薬	NSAIDs＋α_2作動薬
麻酔導入薬	IV	以下から選択 プロポフォール ケタミン＋ミダゾラム アルファキサロン	以下から選択 プロポフォール アルファキサロン	適切なものならなんでもよい
	IM	オピオイド＋α_2作動薬＋ケタミン		
麻酔維持		以下から選択 吸入麻酔薬 ケタミン プロポフォール アルファキサロン	以下から選択 吸入麻酔薬 プロポフォール アルファキサロン	適切なものならなんでもよい
局所麻酔薬		切開線ブロック± 腹腔内ブロック	切開線ブロック± 腹腔内ブロック	切開線ブロック± 腹腔内ブロック
術後疼痛管理		NSAIDs	NSAIDs	NSAIDs

IM：筋肉内投与、IV：静脈内投与

い菌種に対して有効な抗菌薬を使用する。子宮の感染症であれば子宮蓄膿症が最も遭遇する機会が多い。この疾患の最も多い原因菌は大腸菌であるため、それに有効な抗菌薬を使用する。子宮蓄膿症の場合、腎機能低下が認められることがあるため、そのような場合はアミノグリコシド系など腎障害を引き起こすおそれがある薬剤の使用は避ける。

表2-3　薬剤の投与量

薬剤名	犬	猫	コメント
アセプロマジン	0.01〜0.03 mg/kg、IV	0.01〜0.03 mg/kg、IV	
ミダゾラム	0.1〜0.3 mg/kg、IV	0.1〜0.3 mg/kg、IV	
ブトルファノール	0.1〜0.2 mg/kg、IV	0.1〜0.2 mg/kg、IV	
フェンタニル（前投薬）	5 μg/kg、IV	2 μg/kg、IV	効果が短いため、術中CRIが必要
フェンタニル（維持）	10〜20 μg/kg/時、CRI	5〜10 μg/kg/時、CRI	
メデトミジン	5〜10 μg/kg、IV	5〜10 μg/kg、IV	
メロキシカム	0.1 mg/kg（初回のみ倍量）、SC	0.3 mg/kg、SC	猫は単回投与のみ：追加投与しないこと
ロベナコキシブ	2 mg/kg、SC	2 mg/kg、SC	注射薬は術前1回のみ承認されている
ケタミン	3〜5 mg/kg、IV	3〜5 mg/kg、IV、5〜10 mg/kg、IM	前投薬として用いる場合はより少量で用いる
プロポフォール	3〜5 mg/kg、IV	3〜10 mg/kg、IV	効果が出るまで
アルファキサロン	1〜2 mg/kg、IV	3〜5 mg/kg、IV	効果が出るまで

SC：皮下投与、IM：筋肉内投与、IV：静脈内投与、CRI：持続定量点滴

表2-4　予防抗菌薬として用いられる抗菌薬

抗菌薬	投与量	投与頻度	投与経路
セファゾリン	22 mg/kg	8時間ごと	IV、IM
アンピシリン	22 mg/kg	6〜8時間ごと	SC、IV、IM

SC：皮下投与、IM：筋肉内投与、IV：静脈内投与

手術器具の準備

　使用する手術器具は病院によって多少異なると思われる。術創を小さくするために小切開で手術を行う場合は子宮吊り出し鉤を使用することが多く、より出血のリスクを低くしたい場合はバイポーラ型電気メスや超音波凝固切開装置を使用する。準備する手術器具の例を以下に述べる。

剪刀（図2-4）

　組織の鋭性切開や鈍性剥離、縫合糸の切断などに用いる、いわゆるはさみである。形状や長さによりさまざまな用途のものが存在するが、避妊手術ではおもに外科剪刀とメッツェンバウム剪刀が用いられることが多い。

外科剪刀

　全体が太めにつくられており硬い組織や人工材料を切ることに使う。先端は両尖、両鈍、片尖（片鈍）がある。好みもあるが、片尖は尖鈍どちらの利点も活かせるため便利である。糸を短く切りたいときは尖を下にする、開腹時に腹筋を切りたいときは腹腔臓器の損傷を避けるために鈍を下（腹腔内に入るように）にする、などのように使い分けることができる。

メッツェンバウム剪刀

　全体が細くつくられているため、血管や繊細な組織の剥離や切離など、繊細な手技を行う際に用いる。剥離→切離と効率よく行うことができるため、避妊手術では多くの場面で使用される。硬い組織や人工材料を

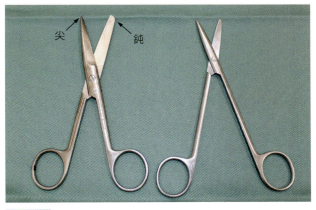

図2-4 剪刀
写真左：外科剪刀（片尖、片鈍）、写真右：メッツェンバウム剪刀

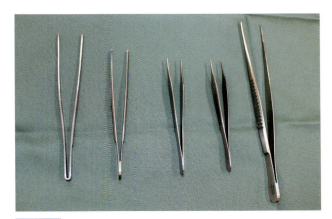

図2-5 鑷子
左から無鉤鑷子、有鉤鑷子、アドソン鑷子（無鉤）、アドソン鑷子（有鉤）、ドベーキー鑷子

図2-6 無鉤鑷子の先端

片側の先端。鉤が1個ついている。　　反対側。鉤が2個ついている。

図2-7 有鉤鑷子の先端

切ることには向かず、縫合糸も切らないほうがよいといわれることもあるが、避妊手術で用いる細い縫合糸であれば切ったとしてもそれほど切れ味に影響するとは考えにくい。

鑷子（図2-5）

いわゆるピンセットのことで、一時的に組織を持ち上げるために用いる。先端の形状や体部の形状の違いで用途が異なる。

無鉤鑷子、有鉤鑷子

上部が最も太く、先端に行くほど細くなるという一般的なピンセットの形をしている。無鉤鑷子は把持部に細かい溝が複数個彫られており組織を把持しやすくなっている（図2-6）。有鉤鑷子は先端に3つの鉤があり組織をより強く把持できるようになっているが、そのぶん組織を挫滅、損傷しやすいため、避妊手術では無鉤鑷子を使うほうが無難である（図2-7）。大型犬の閉腹の際、腹筋を把持するときには無鉤鑷子では力が入らないため、有鉤鑷子を用いるほうが操作しやすい。

アドソン鑷子

アドソン鑷子は前述の鑷子と異なり持ち手の部分が最も太く、把持する際に力が伝わりやすくなっている。また、持ち手の太い部分から先端にかけて急に細くなっており、先端はとても細くつくられている（図2-8）。これによって浅い部分での繊細な作業を行うことができる。アドソン鑷子にも無鉤、有鉤がある。前述の鑷子に代わりアドソン鑷子を使うこともできる。

ドベーキー鑷子

把持部に縦溝とその辺縁に非常に細かい鋸刃がついており、把持した際に力が分散するようにできている（図2-9）。これにより組織を挫滅することなく把持することが可能になる。より繊細な組織を把持する際に

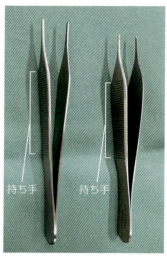

図2-8 アドソン鑷子
持ち手が太く、先端が細くなっている。

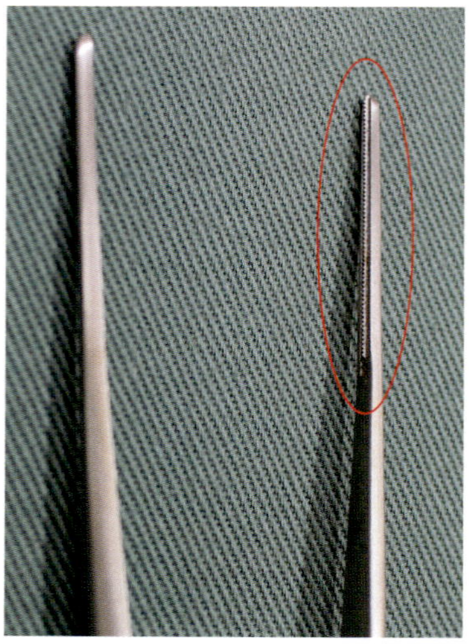

図2-9 ドベーキー鑷子の先端
力が分散するよう細かい鋸刃（○）がついている。

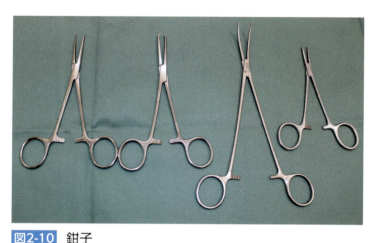

図2-10 鉗子
左からペアン鉗子、コッヘル鉗子、ケリー鉗子、モスキート鉗子。

図2-11 ペアン鉗子の先端

用いられ、血管縫合や腸管吻合の際に用いられる。避妊手術であえて使うことはないが使用しても問題ないため、一般器具セットの中にほかに適切な鑷子がないようであれば使用する。

鉗子

ペアン鉗子、コッヘル鉗子、ケリー鉗子、モスキート鉗子（図2-10）

鉗子は組織を把持するために用いる。急な出血の際に血管を掴み一時的に止血することに使用され、その後、縫合糸による結紮やバイポーラ型電気メスによる焼灼を行って完全に止血する。鑷子との違いはラチェットがついており、組織をつかんだまま一時的に維持することができる構造になっていることである。考えたくはないが、卵巣動静脈の結紮に失敗し出血さ

せてしまった場合は必ず使用することとなる。

長さや先端の形状により鉗子の名称が異なり、目的も若干異なる。典型的な鉗子はペアン鉗子とコッヘル鉗子である。把持部全体に浅めの溝があり組織を把持することができる。先端は組織を損傷しないよう鈍になっている。ペアン鉗子とコッヘル鉗子の違いは先端の鉤の有無である。ペアン鉗子には鉤がなく（図2-11）、コッヘル鉗子には3つの鉤がついており咬み合うことで組織の把持性を高めている（図2-12）。

ケリー鉗子はペアン鉗子より精工かつ先端が細くできており、一般的にはやや長く、弯曲している。弯曲していることにより、少し深い位置にある組織の剥離や血管の把持が行いやすい。

モスキート鉗子はコッヘル鉗子より短く、浅い位置

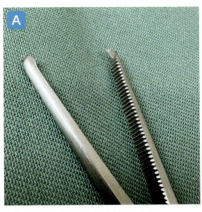
片側の先端。鉤が1個ついている。
図2-12 コッヘル鉗子の先端

反対側。鉤が2個ついている。

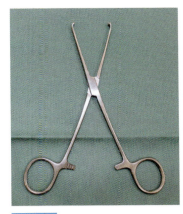
図2-13 アリス鉗子

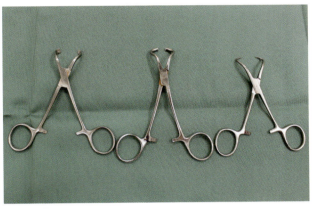
図2-14 タオル鉗子
左からウェック型、東大式、バックハウス型。

図2-15 電気メスのコードの固定（NG例）
写真のようにタオル鉗子の輪の部分にコードを絡ませてはならない。

での組織の剥離や血管の把持を行いやすい。出血があった場合はまずモスキート鉗子を用いることになる。より繊細に組織を把持することができるため、避妊手術の際、固有卵巣索を把持し卵巣を腹腔外に牽引するときに用いると便利である。

アリス鉗子（図2-13）

組織を把持するための器具である。形状がバネのようになっているため小さな圧力で組織を把持することができ、組織の挫滅を最小限にできる。とはいえ、厚い組織を掴むと挫滅する可能性があるため皮膚は掴まないようにする。避妊手術では腹筋の筋膜を把持する際に用いることで、腹腔内の視野を確保することができる。

タオル鉗子（図2-14）

タオル鉗子はドレープを皮膚に固定するために用いる。電気メスや吸引器のコードが落ちないようにするために用いることもある。余談だが、電気メスのコードをドレープに固定するためにタオル鉗子を用いることは問題ないが、鉗子の輪の部分にコードを絡ませることは禁忌である（図2-15）。電気メスを高電圧で使用する、空打ちするなどした場合にタオル鉗子から鉗子先端に接している皮膚に通電してしまい、火傷の原因になることがある。

タオル鉗子にはウェック型、東大式、バックハウス型がある。東大式は先端が面になっており、面で皮膚を把持するため皮膚の挫滅に注意が必要である。バックハウス型は先端が尖っており、点で皮膚を把持するため、組織の穿孔に注意が必要である。動物病院では

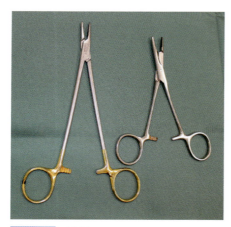

図2-16 持針器
左からメイヨー・ヘガール、オルセン・ヘガール。オルセン・ヘガールは針を把持する部分の持ち手側に刃がついている。

図2-17 オルセンヘガールの先端

バックハウス型のほうが多く使用されているが、避妊手術の際に使用する場合は、ドレープの尾側面を固定するときに大腿動脈や浅後腹壁動脈を損傷しないように気をつける。

持針器（図2-16）

血管結紮や皮膚、皮下、腹筋縫合時に針を持つための器具である。おもにヘガール型とマチュー型があるが多くはヘガール型が使用されている。ヘガール型でも刃がついていないメイヨー・ヘガールと刃がついており、はさみとしての機能をもちあわせるオルセン・ヘガール（図2-17）がある。ヘガール持針器を用いる場合、適切な長さのものを使用する。また、持針器の先端には硬性チップがついているが、その溝の細かさにより使用できる針の大きさ（糸の太さ）が決まっているため、合ったものを使用する。

持針器の持ち方にはパームドグリップ、シナーグリップ、サム・リング・フィンガー・グリップがあるが、繊細な動きや正確な縫合ができ、汎用性が高いサム・リング・フィンガー・グリップは習得しておきたい。欠点として力が必要な状況（厚い皮膚などの硬い組織に針を通す場合）では力が入りづらく繊細な動きができないため、その場合はほかの持ち方に切り替えるとより正確に縫合できる。

メス刃およびメス柄（図2-18）

避妊手術では、メスは皮膚の切開と腹筋の切開による開腹に用いられる。メス刃とメス柄を組み合わせて使用する。メス刃とメス柄がセットで販売されているものもあるが、コスト的にバラのものが使用されることが多い。メス刃はディスポーザブル、メス柄は滅菌を繰り返し使用される。

主に使用されるメス柄にはNo. 3、4、7がある。No. 3、7はより小さなメス刃（No. 10、11、12、15）を装着でき、No. 4はより大きなメス刃（No. 21、25など）を装着できる。小動物の手術を行う際は大きなメス刃を必要としないため、特殊な理由がないかぎりNo. 3を選択するとよい。No. 7はNo. 3と同じメス刃を装着できるが、No. 3よりメス柄の体部が細くできており、あまり一般的ではない（筆者は見たことがない）。メス刃はNo. 10（円刃）、11（尖刃）、12（鎌形）、15（小円刃）から選ぶが、避妊手術を行うのであれば円刃であるNo. 10、15のどちらかが適切である。

医療機器

電気メス（図2-19）

電気メスは、手術を円滑に進めるうえで重要なエネルギーデバイスの1つである。もちろん避妊手術で必ず使用しなければならないものではないが、使用により迅速な止血と出血量の低減が得られ、手術時間の短縮や出血リスクの低減につながる。電気メスは、名前のとおり電気を動力源とし、高周波電流を使うことで凝固や切開を行う器具のことである。詳しい機序については割愛するが、高周波電流を通電させることで熱

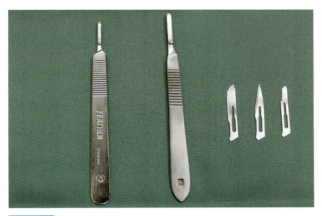

図2-18 メス刃およびメス柄
左からメス柄 No. 3、メス柄 No. 4、メス刃 No. 10、メス刃 No. 11、メス刃 No. 15。

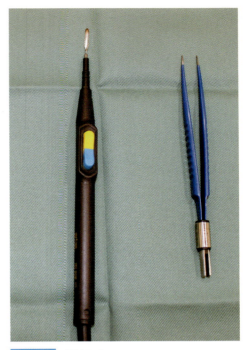

図2-19 電気メス
左からモノポーラ型、バイポーラ型。

を発生させ、その熱を用いて凝固、切開を行う。

電気メスには単極性のモノポーラ型、双極性のバイポーラ型がある。モノポーラ型は本体から発生させた電流がメス先端から切開部位へ、その後動物の体内を通って付属のアースに至り、本体へと戻るようにできている。そのため、アースが動物と広く接しており、絶縁されていないかどうかを必ず確認する。動物は被毛があることによりアースと密着させることが難しいため、アースに濡れタオルを巻くなどして接触する面積を大きくする。

モノポーラ型は切開することに優れているため、皮膚や皮下の切開に用いることができる。

バイポーラ型は2本の先端の間で通電するためアースは不要である。鑷子様の形状をしているため、出血点や切離したい血管を挟み通電させることで凝固止血を容易に行うことができる。卵巣動静脈は太いためバイポーラ型電気メスでの凝固切開はリスクが高いが、卵巣動静脈周辺の細かい血管や子宮間膜の処理には適しており、とくに血管が発達している1歳齢以上の犬では有用である。

超音波凝固切開装置

超音波凝固切開装置は超音波振動を利用し、比較的低温で組織の凝固と切開を同時に行う装置である。装置にもよるが直径5 mm前後の血管まで処理することができる。卵巣動静脈も処理できるため避妊手術に用いると手術の難易度が格段に下がる。筆者の個人的な意見ではあるが、開腹下での避妊手術は縫合糸による血管処理の技術を習得するのにとてもよい手術であるため、避妊手術を行う初期からエネルギーデバイスを使用することはあまり勧められない。

毛刈り

毛刈りは当日の手術直前に行う。前日に行うと毛刈り部位の細かい傷で常在菌が増殖し、SSIの発生率が増加する。被毛や皮膚がひどく汚れている場合は前日にシャンプーを行うことを検討する。毛刈りの範囲は切開予定部位から20 cm離れた部位まで行うと成書には記載されている。成書には上述のように推奨されているが、実際はそこまで必要としないことが多く、切開予定部位から10～15 cmほど毛刈りすればよい。しかし、切開する可能性がある部位から～cmという意味であるため、切開予定部位をよく検討する必要がある。とくに避妊手術では卵巣動静脈の結紮を失敗した場合、頭側へ大きく切開を広げて切離してしまった卵巣動静脈へアプローチする必要があるため、剣状突起

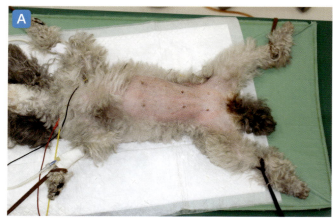
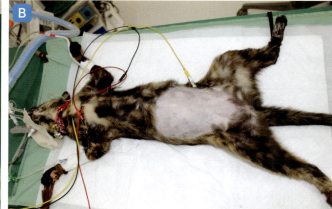

犬　　　　　　　　　　　　　　　　　　猫

図2-20　手術台での動物の保定

尾側縁まで切開を予定しておいたほうがよい。

手術台での動物の保定

　仰臥位で四肢は前後に伸ばすように保定する（図2-20）。保定する際は四肢に装着している心電図、非観血的動脈血圧を測定するためのカフ、観血的動脈血圧を測定しているカテーテル（多くは足背動脈）に注意する。保定するための紐やロープを足根関節付近に巻いている場合は、その遠位で非観血的動脈血圧が測りづらくなることがある。その場合は保定する紐を緩く巻き牽引を緩やかにするか、カフを尾根部に巻くようにする。観血的動脈血圧を測定している場合は、誤って手術中にカテーテルが抜けてしまうと知らぬ間に大出血を招くおそれがあるため、カテーテルの保護を徹底する。保定後、毛刈り部位の消毒を行う。

犬の避妊手術：卵巣子宮摘出術

筆者は卵巣子宮摘出術を行っているため、本法をより詳しく解説する。

皮膚切開と皮下組織の剥離

1. ドレーピングを行った後、目視で腹部正中（臍から恥骨前縁）を3等分する（図2-21-①）。

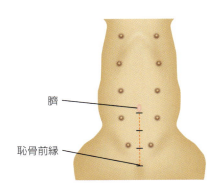

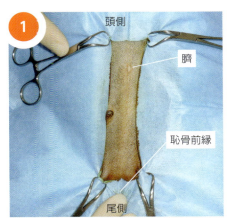

ドレーピング後。右手で恥骨前縁を確認し、切皮位置を決定する。

2. 切皮位置は、犬では中央1/3の正中を基本とし、やや頭側方向に切開を広げる（図2-21-②）。

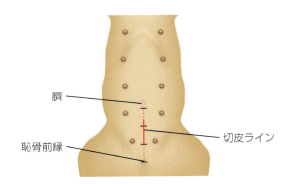

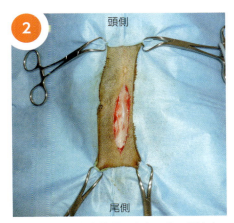

皮膚切開後。切皮位置は中央1/3の正中を基本とし、頭側方向は臍の1〜2cm尾側まで切開を広げている。

Tips

大型犬や胸の深い犬では卵巣がより深い位置に固定されているため、通常よりもさらに頭側方向に大きく切開する必要がある。子宮蓄膿症などで子宮が裂けやすく過剰な牽引を避ける必要がある場合は頭尾方向に大きく切開する。

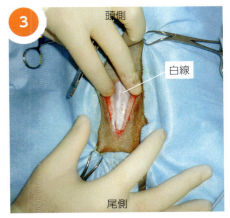

図2-21　皮膚切開と皮下組織の剥離

3. 皮下組織を分離して腹筋の正中（白線）を確認する（図2-21-③）。

腹壁切開

切皮した領域と同様の領域で白線ないし腹直筋鞘を切開し開腹する。腹腔内臓器を損傷しないように腹筋を持ち上げ、メスで白線を数mm切開する（図2-22-①）。

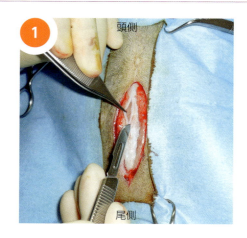

腹筋は鑷子やモスキート鉗子、アリス鉗子などで持ち上げることができる。白線は頭側のほうが幅が広いため、開腹する際はなるべく尾側ではなく頭側寄りから切開を加えるほうが容易である。メッツェンバウム剪刀で頭尾方向に切開を広げる（図2-22-②）。

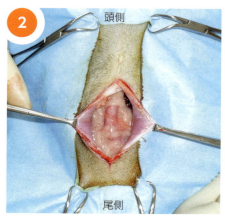

図2-22 腹壁の切開

子宮の確認

腹腔内を精査し、子宮を見つける。腹腔内で腸管に埋もれている子宮を見つけるには若干のコツが必要だが、子宮はよく見ると腸管と比べて表面の色や血管の走行、径が異なるため見つけることができる。また、解剖学的に最も外側に位置しているため、腸管を含めすべての臓器を内側に牽引すると確認することができる（図2-23）。

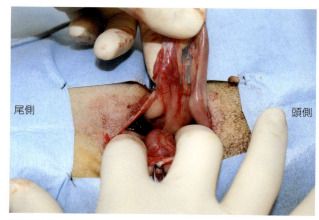

図2-23 子宮の確認
左側卵巣・子宮を確認するため、腸管を右側へ牽引する。卵巣・子宮が確認できたら腹腔外へ牽引する。

Tips

子宮吊り出し鉤（図2-24）を用いる場合は、子宮吊り出し鉤を腹壁に沿わせるようにして腎臓の2～3 cm尾側に入れ、子宮を引っかける。子宮吊り出し鉤を用いると、小さい切開で子宮を腹腔外へ牽引することができるが、手術を始める初期のころは小切開での手術は危険をともなうため、筆者は勧めない。

図2-24 子宮吊り出し鉤
先端が鈍のフック状になっており、深い位置を探るため柄が長くなっている。

子宮の牽引

子宮を見つけたら、左右どちらでもよいので片側の子宮角を腹腔外へ牽引し卵巣を確認する（図2-25）。

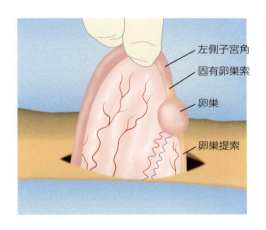

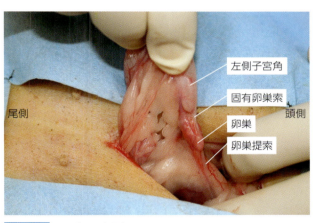

図2-25 子宮の牽引
子宮角を腹腔外へ牽引し、固有卵巣索、卵巣、卵巣提索を確認する。

卵巣の処理

筆者は卵巣動静脈、卵巣提索周辺に存在する脂肪組織を剥離し卵巣動静脈、卵巣提索をそれぞれ分離した状態で処理している。卵巣提索、卵巣動静脈の順に処理する。

卵巣の牽引と卵巣周囲の確認

固有卵巣索にペアン鉗子をかけ腹腔外へ子宮、卵巣を牽引する（図2-26）。卵巣と子宮をつなぐ靱帯である固有卵巣索をペアン鉗子などで把持することで、操作がより容易となる。

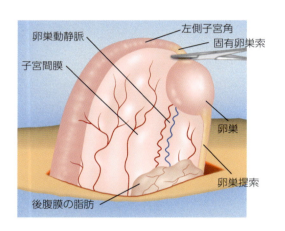

図2-26 卵巣の牽引と卵巣周囲の確認
この症例は比較的牽引しやすく卵巣提索を離断することなく卵巣を腹腔外へ牽引できているが、後腹膜脂肪により卵巣提索と卵巣動静脈が視認しにくい。

卵巣周囲の脂肪組織の処理

卵巣動静脈、卵巣提索周辺に存在する脂肪組織を剥離し卵巣動静脈、卵巣提索をそれぞれ分離する。

子宮間膜と後腹膜の間の膜（子宮間膜の後腹膜への付着部）を切離することで、子宮間膜と後腹膜の間にある脂肪が後腹膜側のみに付着し、子宮間膜側から剥がれる。それによって、卵巣提索と卵巣動静脈の明瞭な視認が可能となる（図2-27）。

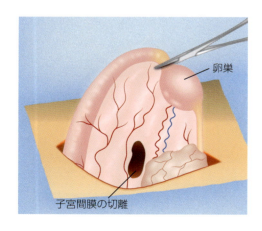

モスキート鉗子で後腹膜の脂肪を剥離し、卵巣提索と卵巣動静脈を明瞭化する。まず子宮間膜を切離する。

図2-27 卵巣周囲の脂肪組織の処理

（次ページにつづく）

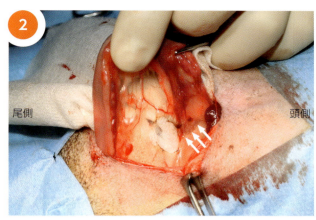
メッツェンバウム剪刀やバイポーラ型電気メスで子宮間膜と後腹膜側の脂肪との間の膜（⇨）を切離する。

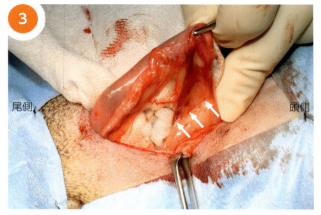
膜（⇨）を切離した後、後腹膜側の脂肪を下方（背側）に剥離していく。

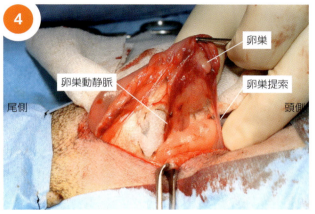
さらに脂肪を剥離すると卵巣提索と卵巣動静脈が明瞭化できる。

図2-27 卵巣周囲の脂肪組織の処理（つづき）

卵巣提索の処理

その後、バイポーラ型電気メスにより卵巣提索および周囲の血管を焼灼し、切離する（図2-28）。

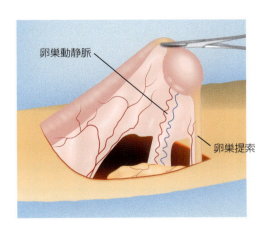

図2-28 卵巣提索の処理

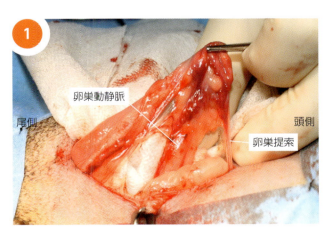
卵巣提索と卵巣動静脈の間の間膜をメッツェンバウム剪刀やバイポーラ型電気メスで切離し、卵巣提索と卵巣動静脈を完全に分ける。
（次ページにつづく）

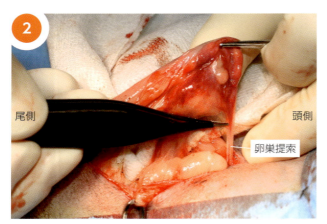
卵巣提索には血管があるため、バイポーラで焼灼した後に切離する。

卵巣提索焼灼後。

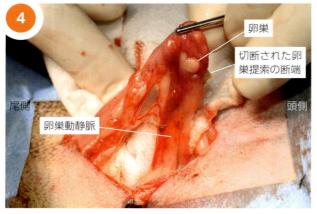
卵巣提索切離後。卵巣提索を切離すると卵巣がさらに腹腔外へ牽引できるようになる。

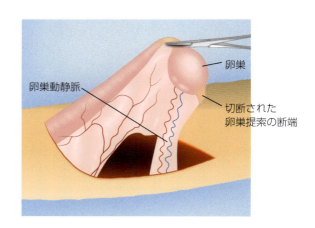

図2-28 卵巣提索の処理（つづき）

Tips

　成書には必ずといっていいほど卵巣提索を引きちぎると記載されているが、この方法は犬（とくに中型犬以上）では行うべきではない。卵巣提索は強い靭帯で容易に切れないこと、卵巣提索に沿って卵巣動静脈ではない血管が存在すること、卵巣提索を引きちぎることができたとしても卵巣動静脈およびその分岐の血管を損傷しない保証がないことがその理由である。卵巣提索に力をかけ、靭帯をある程度伸ばすくらいに留めておく。それで対応が難しい場合はバイポーラ型電気メスによる焼灼、超音波凝固切開装置による凝固切開ないし縫合糸による結紮離断により卵巣提索を処理する。縫合糸は4-0〜3-0の吸収糸を用いる。吸収糸であればあまり制約はなく、ポリジオキサノン（PDSⅡなど）、ポリグリコネート（Maxonなど）、ポリグリカプロン（MONOCRYLなど）などを用いることができる。

卵巣動静脈の処理

前述のとおり、筆者は脂肪などほとんどの組織を分離し、卵巣動静脈のみにした状態で、全周性に縫合糸をかけて結紮離断している（図2-29）。縫合糸は卵巣動静脈およびその周囲の脂肪の径によって4-0〜2-0の吸収糸を用いる。

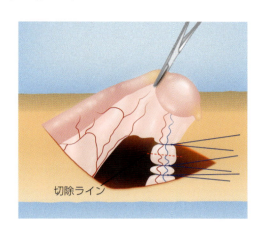

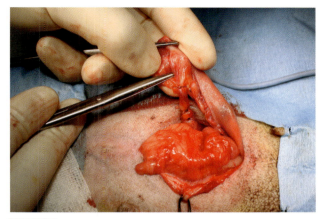

図2-29 卵巣動静脈の処理
卵巣動静脈を3重結紮し、そのうち2重結紮側を腹腔内に残すように血管を切離する。

Tips

猫や一部の小型犬では先に卵巣提索を処理することなく、卵巣動静脈周辺の子宮間膜を切離した後、卵巣動静脈と卵巣提索を一括で結紮し離断することができる。卵巣提索を処理している場合は卵巣を牽引しながら卵巣動静脈を結紮離断する。卵巣動静脈周辺の脂肪組織が多く、結紮が難しい場合は3鉗子法（図2-30）や8の字に結紮する方法（図2-31）を用いることができる。

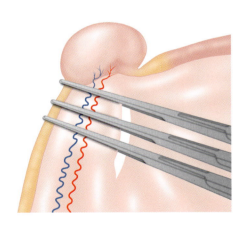

図2-30 3鉗子法（文献5より引用、改変）
ペアン鉗子を3本かけ、1本ずつ鉗子を外し、挫滅した部分を結紮していく方法である。

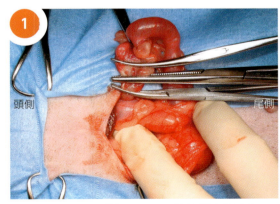

① 卵巣動静脈に3カ所鉗子をかけ、脂肪組織を挫滅する。卵巣を取り残さないように、卵巣から数mm離れた位置に鉗子をかけるようにする。

（次ページにつづく）

Tips つづき

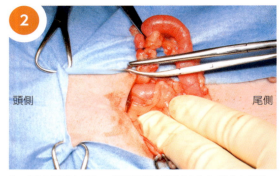
② 1つ目の鉗子を外し、脂肪組織が挫滅された部分を結紮する。

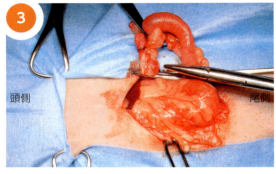
③ 2つ目の鉗子を外したところ。鉗子をかけていた部分の組織が挫滅されている。

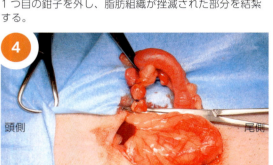
④ 鉗子を外した部分を結紮する。

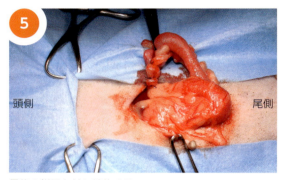
⑤ 最後の鉗子を外し結紮する。

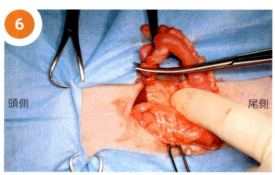
⑥ 3カ所結紮した後、1つ目と2つ目の間をメッツェンバウム剪刀で離断する(結紮部2カ所が体内に残るようにする)。

図2-30 3鉗子法(つづき)(文献5より引用、改変)

ペアン鉗子を3本かけ、1本ずつ鉗子を外し、挫滅した部分を結紮していく方法である。

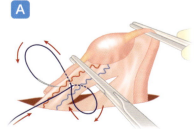
A 図のように卵巣動静脈の間に縫合糸を8の字に通し結紮することで、結紮を確実にし、かつ縫合糸が抜けないようにする。

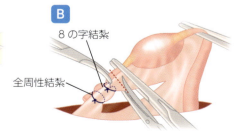
B 結紮部を2カ所体内に残すようにメッツェンバウム剪刀で離断する。

図2-31 8の字に結紮する方法(文献6より引用、改変)

対側の卵巣周囲の処理

対側も同様の手技を行う（図2-32）。

対側の卵巣提索および卵巣動静脈を処理する。本症例は左側卵巣からアプローチしたため、対側の右側卵巣にアプローチしている。右側卵巣のほうが頭側に位置するため、卵巣の腹腔外への牽引が難しい場合がある。必要に応じて腹筋をさらに頭側へ切開する（図2-32-①）。

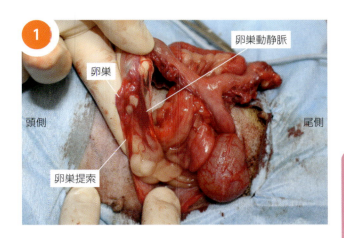

前述同様の方法で卵巣提索と卵巣動静脈を分離した（図2-32-②）。

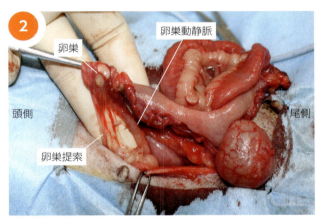

図2-32 対側の卵巣周囲の処置

子宮間膜の処理

卵巣～子宮頸までの範囲の子宮間膜を処理する。複数箇所に分けて結紮離断するか、電気メスを用いて処理する。子宮頸周辺には尿管があるため、子宮間膜を処理する際は切開する部位に尿管がないことを必ず確認する（図2-33-①）。

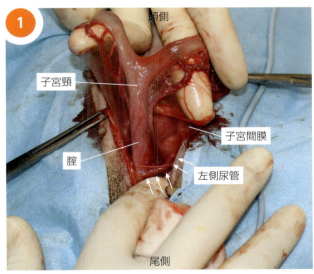

左右の卵巣動静脈を処理した後、子宮体、子宮頸へアプローチする。子宮頸周辺には尿管（→）があるため必ず確認する。

図2-33 子宮間膜の処理　　　　（次ページにつづく）

膀胱を尾側へ牽引することで尿管（→）を確実に視認することができる（図2-33-②）。

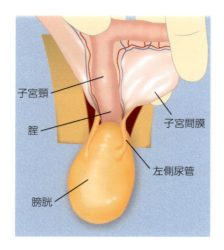

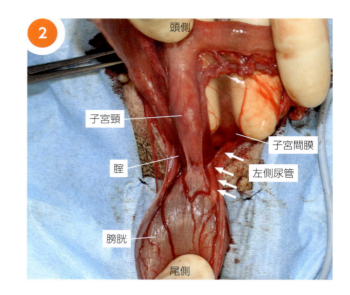

右側観。子宮頸と尿管が近いことがわかる。尿管と子宮の間の子宮間膜を確実に分離することで尿管を損傷しないようにする（図2-33-③）。

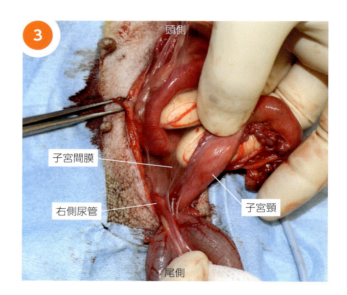

子宮間膜処理後。尿管と子宮頸が離れている（図2-33-④）。

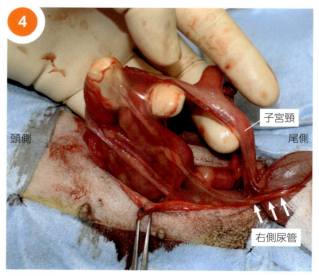

図2-33 子宮間膜の処理（つづき）

Tips

子宮間膜の処理に関して、電気メスを用いた方法（図2-34）、および結紮糸を用いた方法（図2-35）をそれぞれ紹介する。

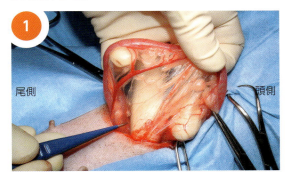

① 猫と比べると血管が多い。まず子宮頸近くの血管がない部分を穿孔する。

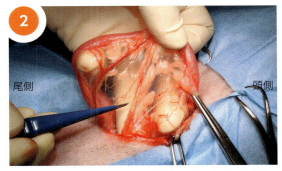

② バイポーラ型電気メスを用い、穿孔させた部分から卵巣側へ向けて焼灼、切離を行う。

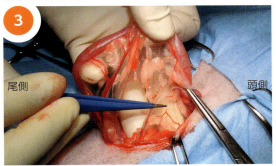

③ 2〜3cm切離を行った後。

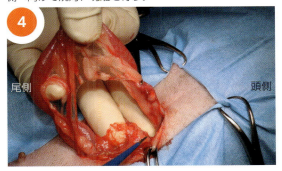

④ 子宮間膜処理後。

図2-34 子宮間膜の処理（電気メス）

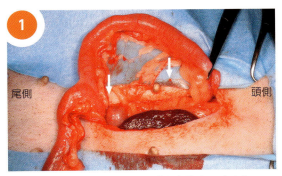

① 子宮頸近くと卵巣近くの子宮間膜を穿孔する（⇨）。

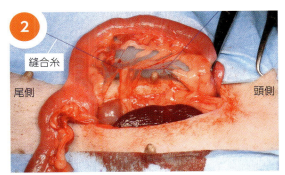

② 穿孔部に縫合糸を通す。

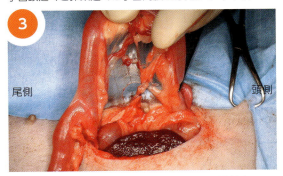

③ 結紮し、縫合糸間をメッツェンバウム剪刀で離断する。

図2-35 子宮間膜の処理（結紮糸）

子宮頸の結紮と離断

子宮頸の結紮

　子宮頸を処理し卵巣・子宮を摘出する（図2-36）。子宮頸の径が太い場合や子宮動静脈が発達している場合は、左右の子宮動静脈を結紮した後、子宮頸を全周性に結紮する。あるいは、子宮の貫通結紮を行う。子宮や血管の結紮には4-0〜2-0の吸収糸を用いる。

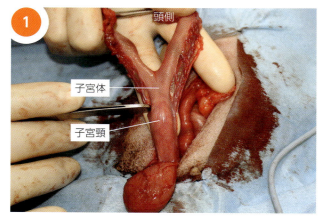

鑷子は子宮体と子宮頸の間を指している。

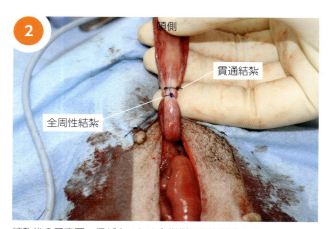

結紮後の子宮頸。径が太いため卵巣側は貫通結紮を用いている。

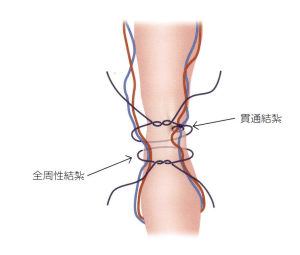

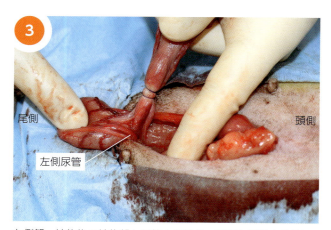

左側観。結紮後の結紮部と尿管との関係。子宮を切離する前に尿管の位置を確認しておく。

図2-36　子宮頸の結紮

Tips

貫通結紮は、結紮糸が断端から滑り落ちるのを防ぐために、結紮する対象の一部に縫合糸を通して結紮を行った後、さらにその縫合糸を全周に回し、再び結紮する方法である。子宮の径が太い場合など全周性結紮に不安があるときには貫通結紮（図2-37）を用いることができる。

まず縫合糸を子宮に貫通させる。

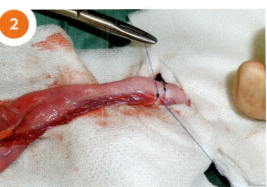
貫通した縫合糸を結紮する。

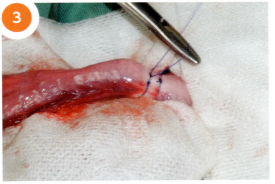
さらにその縫合糸を全周性に回し結紮する。

図2-37 貫通結紮

子宮頸の離断

子宮頸の結紮が完了したら子宮頸で離断する（図2-38）。子宮断端からの出血に備えて子宮結紮部の縫合糸をペアン鉗子やモスキート鉗子で把持しておき、出血が認められたら鉗子を牽引し再度結紮を行う。

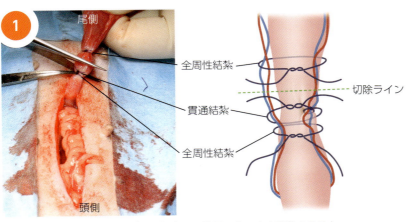
結紮部の間で離断する。径が太い場合は、剪刀でまっすぐ離断することが難しいためメスを用いる。

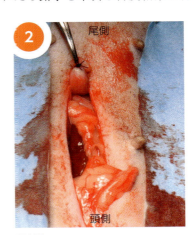
離断後。

図2-38 子宮頸の離断

腹壁縫合

閉腹前に卵巣動静脈からの出血の有無、子宮断端からの出血の有無、子宮断端周辺の尿管が結紮されていないかの確認を行う。確認を行った後、大型犬では2-0～0、中型犬では2-0、小型犬では3-0吸収糸を用いて腹筋を縫合する。単純結節縫合ないし単純連続縫合で閉腹する（図2-39）。単純連続縫合を行う場合は強度の問題から1段階太い糸を選択する。また、十分な技術がともなわないうちは1回の連続縫合で切開創の全長を縫合するのではなく、途中でいったん連続縫合を終了し結び目をつくるとよい。

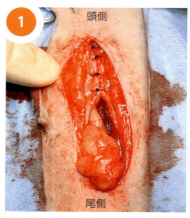

単純結節縫合、単純連続縫合どちらでも構わないが、本症例では単純結節縫合を行っている。腹壁縫合は筋膜の並置縫合を行うよう心掛ける。また、大網などの脂肪組織を縫合部に挟まないようにする。

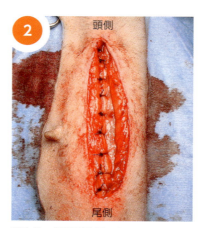

縫合後。筋膜が並置できている。

図2-39 腹壁縫合

Tips

腹筋の縫合は筋膜（白線）どうしが合っていることが最も大切であり、筋膜が合っておらず筋肉が見えている場合は十分な強度が得られない可能性があるため注意する（図2-40）。

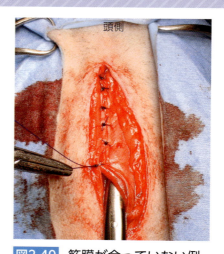

図2-40 筋膜が合っていない例
筋膜が合っておらず、筋肉が露出している。このような縫合は強度に問題があるためやり直す。

皮下縫合および皮膚縫合

皮下組織は4-0〜3-0吸収糸を用いて、単純結節縫合ないし単純連続縫合で縫合する（図2-41）。

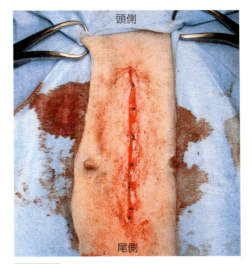

図2-41　皮下縫合

抜糸まで強度を保つことができるのであれば、皮膚を縫う縫合糸はなんでもよいが、基本的には強度が落ちにくいナイロンなどの非吸収糸を用いる。大型犬では2-0〜0、中型犬では3-0〜2-0、小型犬では4-0〜3-0を用い、単純結節縫合で縫合する（図2-42）。

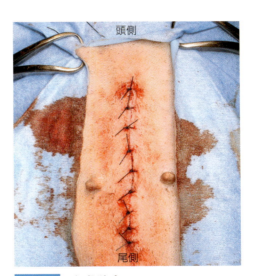

図2-42　皮膚縫合

犬の避妊手術：卵巣摘出術

皮膚切開および開腹

犬を仰臥位に保定後、臍のすぐ尾側から臍と恥骨前縁の中央部まで皮膚を腹部正中切開し（図2-43）、同部位で開腹する。大型犬や胸の深い犬種ではさらに頭側への切開が必要となる場合がある。

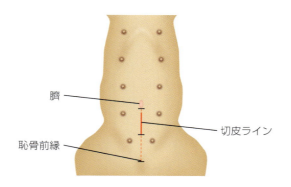

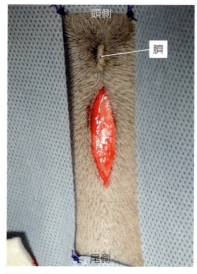

図2-43 卵巣摘出術の切皮位置

子宮の牽引と卵巣の確認

1. 腹腔内を探索し子宮を見つけたら腹腔外へ牽引する。卵巣を確認した後、固有卵巣索をペアン鉗子などで把持し、できるかぎり卵巣を腹腔外へ牽引するようにする（図2-44-①）。

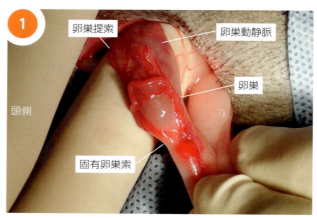

卵巣、卵巣提索および卵巣動静脈を確認する。

2. 子宮間膜を切離し、卵巣提索と卵巣動静脈を結紮離断する。結紮部よりも卵巣側にモスキート鉗子をかけそれより背側で結紮する（図2-44-②）。

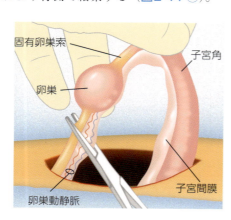

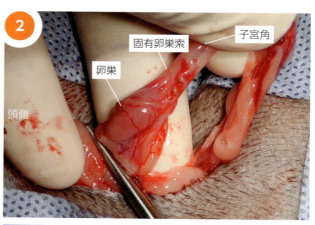

図2-44 子宮の牽引と卵巣の確認

卵巣提索と卵巣動静脈の処理

卵巣子宮摘出術と同様の方法で卵巣提索を処理する（もしくは、この作業は行わず卵巣動静脈とともに一括で結紮してもよい）。

卵巣動静脈を処理する。卵巣提索を切離していない場合は卵巣動静脈とともに一括で結紮する（図2-45）。縫合糸は4-0～2-0の吸収糸を用いる。

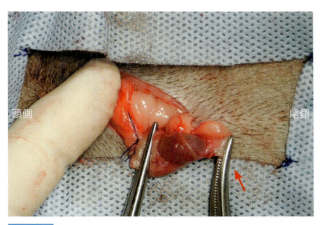

図2-45 卵巣提索と卵巣動静脈の結紮
卵巣提索とともに卵巣動静脈を2重結紮した。また子宮を牽引するため固有卵巣索にもモスキート鉗子をかけている（➡）。

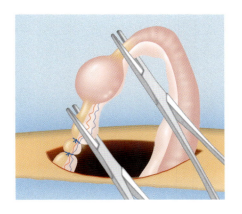

固有卵巣索の結紮と離断および閉腹

1. 把持している固有卵巣索から5 mm程度尾側の子宮角を4-0～2-0の吸収糸を用い全周性に結紮し、結紮した卵巣側で離断する（図2-46-①）。このとき、なるべく卵巣を確認しておき卵巣を残さないように注意する。

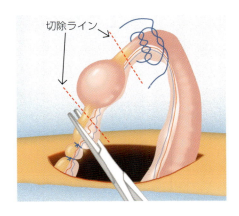

結紮部を視認しやすいよう固有卵巣索を把持していたモスキート鉗子は外している。

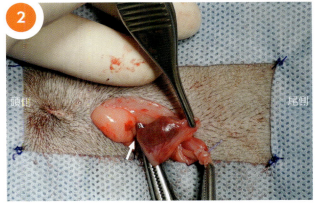

子宮角を切離後。この後、卵巣提索、卵巣動静脈の結紮部の卵巣側（モスキート鉗子の部分：⇨）を切離して摘出完了である。

図2-46 固有卵巣索の結紮と離断

2. その後、メッツェンバウム剪刀で卵巣提索、卵巣動静脈を切除し、卵巣間膜を切離して卵巣が取り切れているかどうかを確認する（図2-46-②）。対側も同様の手技を行う。閉腹前に卵巣動静脈、子宮角からの出血の有無を確認する。

3. その後、卵巣子宮摘出術と同様に腹壁縫合、皮下縫合、皮膚縫合を行う。

猫の避妊手術：卵巣子宮摘出術

卵巣子宮摘出術を解説する。卵巣摘出術については、基本的な手技は犬と変わらないため犬の項を参照してほしい。

皮膚切開と皮下組織の剥離

1. 仰臥位に保定しドレーピングを行った後、目視で腹部正中（臍から恥骨前縁）を3等分する（図2-47-①）。

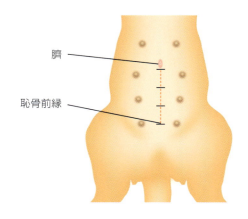

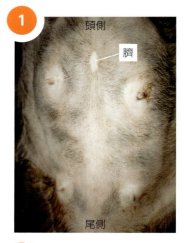

2. 切皮位置は、猫では中央1/3の正中を基本とし、必要であればやや尾側方向に切開を広げる（図2-47-②）。猫は卵巣提索が伸びること、子宮体がより尾側にあるため、犬よりも尾側を切開する。

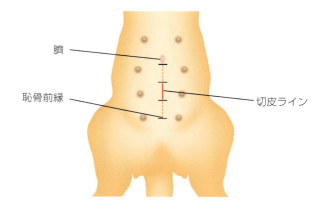

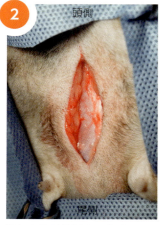

臍から恥骨前縁を3等分しその中央1/3を正中切開で切皮する。

図2-47 皮膚切開と皮下組織の剥離

腹壁切開

切皮した領域と同様の領域で白線ないし腹直筋鞘をメスで数mm開腹した後、メッツェンバウム剪刀で切開し開腹する。猫の白線は犬よりも薄いため、腹腔内臓器を損傷しないようにアリス鉗子で腹筋を持ち上げて切開する（図2-48）。

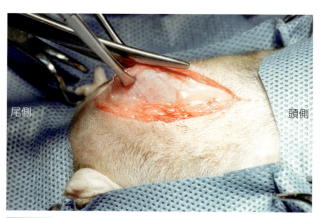

図2-48 腹壁の切開

子宮の確認

腹腔内を精査し、子宮を見つける。腹腔内で腸管に埋もれている子宮を見つけるには若干のコツが必要だが、子宮はよく見ると腸管と比べて表面の色や血管の走行、径が異なるため見つけることができる。また、解剖学的に最も外側に位置しているため、腸管を含めすべての臓器を内側に牽引すると確認することができる（図2-49）。

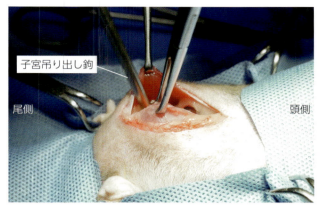

図2-49 子宮の確認
開腹した後、子宮吊り出し鉤で子宮を吊り出す。用手で探索しても問題ない。

Tips

子宮吊り出し鉤を用いる場合は、子宮吊り出し鉤を腹壁に沿わせるようにして腎臓の2～3cm尾側に入れ、子宮を引っかける。子宮吊り出し鉤を用いると、小さい切開で子宮を腹腔外へ牽引することができるが、手術をはじめる初期のころは小切開での手術は危険をともなうため筆者は勧めない。

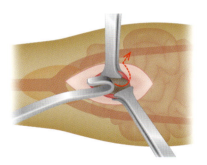

子宮吊り出し鉤を用いて腎臓尾側の腹壁沿いを探索し、子宮を見つける。

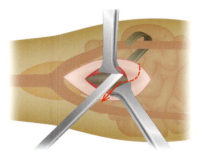

子宮を見つけたら、子宮のみを引っかけて腹腔外へ牽引する。

子宮の牽引と卵巣の確認

子宮を見つけたら、左右どちらでもよいので片側の子宮角を腹腔外へ牽引し卵巣を確認する。卵巣と子宮をつなぐ靭帯である固有卵巣索をペアン鉗子などで把持すると、操作がより容易となる（図2-50）。

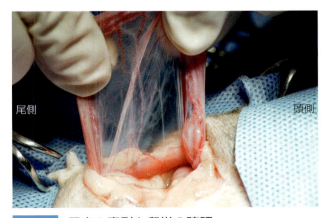

図2-50 子宮の牽引と卵巣の確認
卵巣、卵巣提索、卵巣動静脈、子宮間膜を確認する。猫の子宮間膜は犬と比べると血管が少なく、結紮などの処理が必要ないこともある。

卵巣提索および卵巣動静脈の処理

卵巣提索および卵巣動静脈を処理する。猫の卵巣提策は犬ほど強靭ではないため、卵巣提索を切離しなくても卵巣を腹腔外へ牽引できる場合がほとんどである。そのため、卵巣周囲の子宮間膜を切離（図2-51-①）した後、卵巣提索および卵巣動静脈を同時に結紮することができる（図2-51-②、図2-51-③）。もちろん、犬と同様に卵巣提索を処理した後に、卵巣動静脈を結紮離断してもよい。縫合糸は4-0〜3-0の吸収糸を用いる。吸収糸であればあまり制約はなく、ポリジオキサノン（PDSⅡなど）、ポリグリコネート（Maxonなど）、ポリグリカプロン（MONOCRYLなど）などを用いることができる。

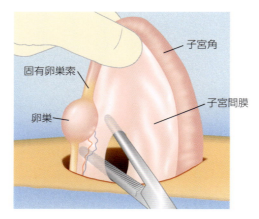

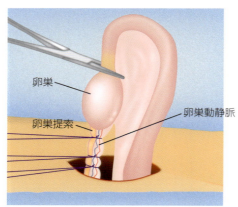

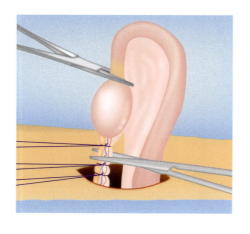

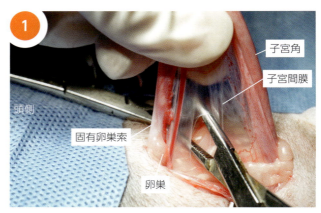

卵巣提索および卵巣動静脈を一括で結紮するため、子宮間膜を切離する。

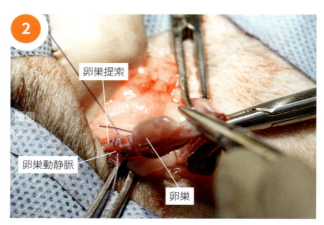

固有卵巣索をペアン鉗子やモスキート鉗子などで把持、牽引し卵巣提索および卵巣動静脈をなるべく腹腔外へ牽引した後、3重結紮する。

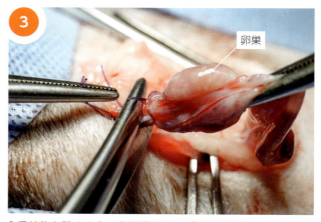

2重結紮を残すように卵巣提索および卵巣動静脈の結紮部をメッツェンバウム剪刀で切離する。

図2-51 卵巣提索および卵巣動静脈の処理

対側の卵巣周囲の処理

対側も同様の手技を行う（図2-52）。

1. 対側（本症例は右側から行っているため左側）も同様に子宮間膜を切離する（図2-52-①）。

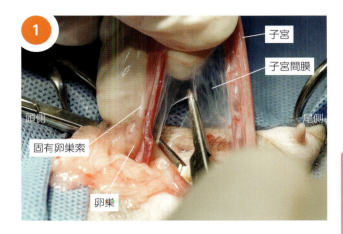

2. 前述同様に3重結紮する。卵巣を取り残さないように切離する前に卵巣の位置を確認する（図2-52-②）。

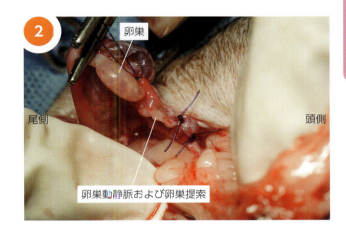

3. 前述同様に2重結紮を残して切離する（図2-52-③）。

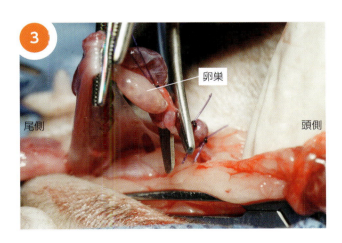

図2-52　対側の卵巣周囲の処置

子宮間膜の処理

卵巣～子宮頸の子宮間膜を処理する（図2-53）。犬と同様に複数箇所に分けて結紮離断するか、電気メスを用いて処理してもよいが、猫は犬と比べて血管がきわめて少ないため、結紮すら必要ないこともある。

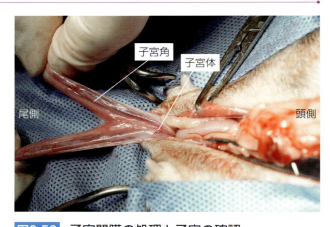

図2-53 子宮間膜の処理と子宮の確認
子宮間膜を処理した後、子宮角を尾側へ牽引し子宮体、子宮頸を確認する。

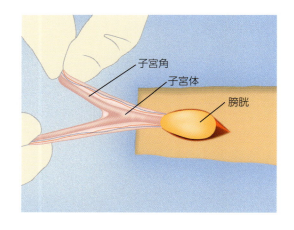

子宮頸の結紮と離断

子宮頸の結紮

子宮体もしくは子宮頸を処理し卵巣・子宮を摘出する。妊娠などにより子宮頸の径が太い場合や子宮動静脈が発達している場合は、左右の子宮動静脈を結紮した後、子宮体もしくは子宮頸を全周性に結紮するが、通常はとても細いため全周性結紮のみで十分である（図2-54）。子宮や血管の結紮には4-0～3-0の吸収糸を用いる。

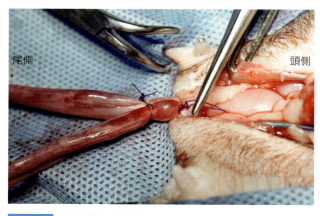

図2-54 子宮頸の結紮
子宮体を全周性に結紮し、結紮糸間を切離する。この症例では卵巣側に貫通結紮を用いている。

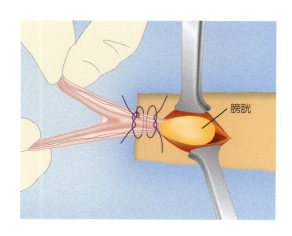

子宮頸の離断

子宮頸の結紮が完了したら子宮頸をメッツェンバウム剪刀で離断する（図2-55）。子宮断端からの出血に備えて子宮結紮部の縫合糸を鉗子で把持しておく。出血が認められたら鉗子を牽引し再度結紮を行う。

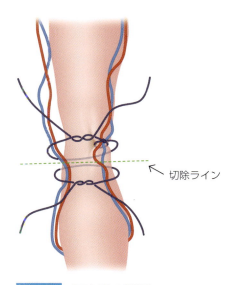

図2-55 子宮頸の離断

腹壁縫合

閉腹前に卵巣動静脈からの出血の有無、子宮断端からの出血の有無、子宮断端周辺の尿管が結紮されていないかの確認を行う。卵巣提索と卵巣動静脈を同時に結紮離断している場合は、切離した断端はかなり頭側へ移動するため、確認は難しいかもしれない。そのような場合は、できるかぎり断端に近い位置を確認し、出血がないかどうかを確認する。閉腹の際は4-0～3-0吸収糸を用いて腹筋を縫合する（図2-56）。腹筋の縫合は筋膜（白線）どうしが合っていることが最も大切であり、筋膜が合っておらず筋肉が見えている場合は、十分な強度が得られない可能性があるため注意する。単純結節縫合ないし単純連続縫合で閉腹する。単純連続縫合を行う場合は強度の問題から1段階太い糸を選択する。また、十分な技術がともなわないうちは1回の連続縫合で切開創の全長を縫合するのではなく、途中でいったん連続縫合を終了し結び目をつくるとよい。

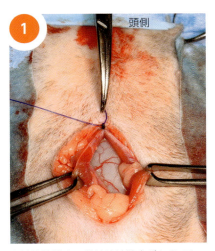

単純結節縫合、単純連続縫合どちらでもよい。本症例では単純連続縫合を行っている。

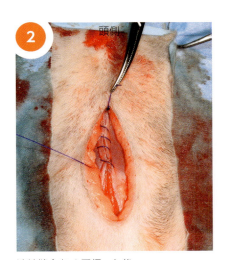

連続縫合を4回行った後。

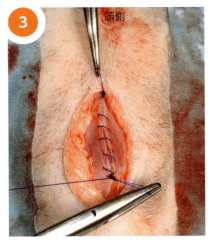

4～6回行ったら一度結紮する。これにより、万が一縫合糸が切れた場合でもすべてが離開することがなくなる。

図2-56 腹壁縫合

（次ページにつづく）

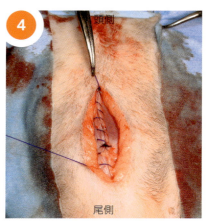
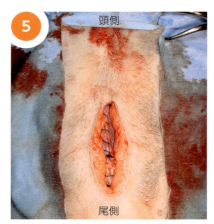

腹壁切開した範囲のすべての腹筋に縫合糸をかけたら最後に結紮を行う。

結紮後。

図2-56 腹壁縫合（つづき）

皮下縫合

皮下組織は4-0吸収糸を用いて、単純結節縫合ないし単純連続縫合で縫合する（図2-57）。

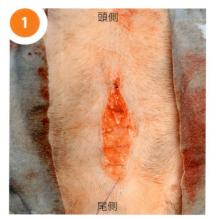
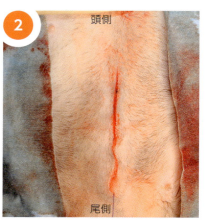
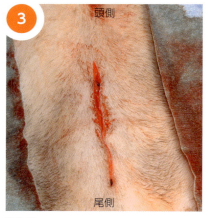

単純結節縫合、単純連続縫合、連続水平マットレス縫合のいずれの方法でもよい。本症例は連続水平マットレス縫合を採用している。写真は縫合糸をかけた後。

すべての場所に縫合糸をかけたら縫合糸を引っ張り、皮下組織を寄せる。

結紮後。

図2-57 皮下縫合

皮膚縫合

抜糸まで強度を保つことができるのであれば、皮膚を縫う縫合糸はなんでもよい。基本的には強度が落ちにくいナイロンなどの非吸収糸を用いる（図2-58）。4-0〜3-0を用い、単純結節縫合で縫合する。

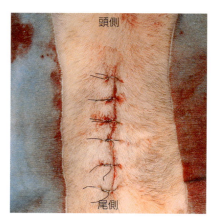

図2-58 皮膚縫合（サージカルワイヤーを使用）

エリザベスカラーを許容しない猫に対して時にサージカルワイヤーを用いる。ナイロンより強度が高く、なめようとした時の不快感から自己抜糸を避けることができる。ただ、ナイロン糸より縫合が難しいため、使用を強く推奨するわけではない。

術後管理

術後注意すること

　手術直後は呼吸様式の確認および呼吸回数、心拍数、体温、意識状態を定期的に観察する。若齢で避妊手術を行う際は低血糖に注意を払い、不安がある場合は糖を含む輸液剤を輸液する。周術期の致命的な合併症として術後の腹腔内出血がある。麻酔の覚醒が遅い、可視粘膜の蒼白、腹囲膨満が認められる場合は血液検査および腹部超音波検査を実施し、貧血や腹水貯留がないことを確認する。また、初歩的なことではあるが、皮膚縫合を行った縫合糸を咬み切られないように、エリザベスカラーの装着や術後服を着せるなどの対処が必要である。

入院の有無

　1歳齢未満での選択的な避妊手術の場合、日帰りないし術後何日間入院させるかという指標はとくにないものの、致命的な合併症として結紮部や卵巣提索を引きちぎった部位から出血が認められることがあるため、少なくとも手術翌日までは入院管理することが望ましい。老齢での避妊手術や子宮蓄膿症の場合は、一般状態が良化するまで入院管理が必要である。

疼痛管理・抗菌薬投与の有無

　術後の疼痛管理は入院下であれば積極的に行うことができる。退院後の疼痛管理は通常経口投与で行うことになる。犬では数種類のNSAIDsを用いることができるが、猫では軟部組織外科手術に対する疼痛管理として数日間の使用が承認されている経口薬がない。認可された適応症ではないが、筋骨格関連の疼痛に対してロベナコキシブ（オンシオール6 mg錠）を6日間まで使うことができる。しかし、NSAIDsは処方しやすいものの思わぬ副作用を出すことがあるため、使用には注意が必要である。

　前述のとおり、選択的な避妊手術であれば通常抗菌薬の投与は不要である。投与する場合は長くても術後24時間までとする。子宮蓄膿症であれば感染の徴候が完全に消失するまで抗菌薬の投与が必要である。

退院時の飼い主へのインフォーム

　腹腔内出血など大きな合併症は起こらないことを前提に退院とするため、大きな合併症が今後起こる可能性について話す必要性は低いが、一般状態の低下が認められた際はすぐに来院するよう伝える。退院後、最も気をつけなければならないことは、症例が皮膚癒合前に自分で咬んで抜糸してしまうことであるため、前述のようにエリザベスカラーか術後服で対応する。また、飼い主が見ていないときほどそれが重要になることも伝える（就寝時や外出時）。

　賛否両論あるかもしれないが、筆者は排尿排便のための短時間の散歩は傷口を汚さなければ行ってもよいと伝えている。

　抜糸は若齢であれば術後7日から可能かもしれないが、実際どの程度癒合しているかの評価は難しいため、基本は術後10日以降としている。クッシングなどの基礎疾患や高齢である場合は、さらにその期間を長くして抜糸を行う。

【参考文献】

1. MacPhail, C. M.(2013): Surgery of the reproductive and genital system. In : Small animal surgery (Fossum, T. W. ed.), 4th ed., pp.780-855, Elsevier.
2. Monteiro, B. P., Lascelles, B. D. X., Murrell, J., et al.(2023): 2022 WSAVA guidelines for recognition, assessment and treatment of pain. *J. Small Anim. Pract.*, 64(4):177-254.
3. Mathews, K., Kronen, P. W., Lascelles, D., et al.(2014): Guidelines for recognition, assessment and treatment of pain: WSAVA Global Pain Council members and co-authors of this document: *J. Small Anim. Pract.*, 55(6):E10-68.
4. 日本外科感染症学会: 術後感染予防抗菌薬適正使用のための実践ガイドライン. http://www.gekakansen.jp/file/antimicrobial-guideline.pdf, (accessed 2024-06-25).
5. Fransson, B. A.(2017): Ovaries and Uterus. In: Veterinary surgery: small animal (Tobias, K. M., Johnston, S. A. eds.), 2nd ed., pp.2109-2129, Elsevier.
6. Hedlund, C. S.(2008): 第26章 生殖器と外性器の外科. In: Small Animal Surgery 第3版・上巻 (Fossum, T. W. ed.), 若尾義人, 田中茂男, 多川政弘 監訳, p.801, インターズー.

第3章

合併症とその対応

合併症とその対応

はじめに

いくつかの大規模研究によると、卵巣子宮摘出術の周術期合併症の発生率は、犬で7.5～19%、猫で12%と報告されている[1-3]。合併症のほとんどは切開部位の炎症や胃腸の不調などの軽微なものだった。少ない確率ではあるが、致命的ですぐに対処すべき合併症や長期的な経過で確認され対応せざるを得ない合併症が存在する。以下、対応しなければならない合併症について解説する。

腹腔内出血

腹腔内出血は卵巣茎（卵巣動静脈）の結紮、子宮頸の結紮の失敗によって起こる。通常、その他の細かい血管からの出血は時間経過にともない、症例自身の止血機構が働くことによって止血される。腹腔内出血は重篤な周術期合併症の中では最も頻発する合併症とされており、腹腔内出血のうち対処を必要とする出血は2.8%で起こるとされている[4]。また、大型犬では出血のリスクが高く、25 kg以上の犬では出血が最も多い合併症である。周術期の死亡原因も出血が最も多いとされている[4]。それとは対照的に、猫では出血のリスクが低く0.2%とされている[4]。

腹腔内出血を起こさないためのポイント

術中の出血の多くは右側の卵巣提索を処理している際の右側卵巣茎の血管損傷から起こる。右側卵巣茎は左側卵巣茎と比較してより頭側に位置しているため、腹壁の切開範囲が狭い場合、盲目的に卵巣茎を処理することになる。また、脂肪が多い症例では脂肪により視野が妨げられることで、血管を損傷する場合がある。大型犬ではすべての血管が小型犬より太いため損傷すると大きな出血につながることや、さらに胸が深い犬種では卵巣茎を腹腔外まで牽引できず腹腔内で卵巣提索や卵巣動静脈の処理を行わなければならないため、出血のリスクがより高い。これらの理由を踏まえ、出血させないためには脂肪を剥離し、卵巣提索と卵巣動静脈を明確に分離することが重要である。大型犬や胸が深い犬種では手術の難易度が高く、実際、経験の浅い獣医師が行った場合のほうが出血のリスクが高くなるという報告がある[5]。

出血が起こるほかの原因として結紮の失敗が挙げられる。卵巣提索と卵巣動静脈を分離できたとしても、脂肪が多い症例では卵巣茎に多くの脂肪が付着しており、卵巣茎の径が非常に大きい症例がいる。径が大きいほど結紮が困難になるため、そのような症例では結紮の失敗が起こりやすい。

いずれの場合もまず確実な組織の確認が必要となる。前述のように大型犬など手術の難易度が高いことが予測される場合は、腹壁を大きく切開することが重要である。とくに卵巣動静脈や卵巣提索の処理が難しくなるため、頭側へ腹壁をより大きく切開する。開腹後、卵巣動静脈と卵巣提索の確認を行うが、卵巣周辺は脂肪が豊富であるため、容易に確認ができないことがある。確認できない場合は、卵巣提索、卵巣動静脈およびその周囲の細かい血管が確認できるようになる程度まで可能なかぎり脂肪を剥離する。卵巣提索の処理ができればほとんどの場合で卵巣を腹腔外へ牽引することができるようになるため、卵巣提索はなんらかの方法で切離すべきである。大型犬や胸の深い犬種は腹腔内で卵巣提索や卵巣動静脈の処理を行わなければならない。腹腔内での縫合糸による卵巣提索の結紮は難易度が高いため、筆者はバイポーラ型電気メスにて焼灼および切離している。また、子宮頸も発情や年齢経過とともに径が大きくなることがあるため、結紮に失敗し出血することがある。その場合は、貫通結紮を用いるもしくは硬い子宮頸を避けて腔部を結紮し卵巣と子宮を摘出する。

腹腔内出血を起こしたときの対処

手術中であれば出血点を確認して出血部を結紮もしくは焼灼することで止血する。そのため、まずは出血点を確認する必要がある（図3-1）。右側の卵巣周囲からの出血が疑われる場合は、右側にある臓器をすべて左側へ牽引して後腹膜を確認する。とくに右側腎臓

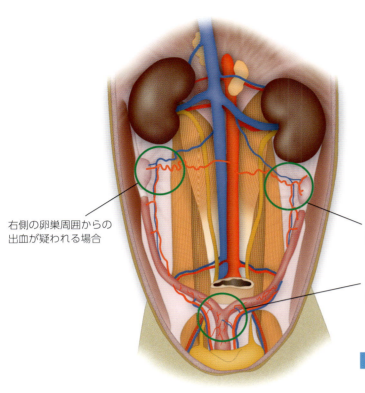

右側の卵巣周囲からの
出血が疑われる場合

左側の卵巣周囲からの
出血が疑われる場合

子宮頸周辺からの
出血が疑われる場合

図3-1 出血を認めた際に確認する箇所（○）

の尾側の後腹膜をよく確認する。左側の卵巣周囲からの出血が疑われる場合は、同様に左側にある臓器（脾臓、小腸、結腸）をすべて右側へ牽引して左側腎臓尾側の後腹膜を中心に出血点を確認する。卵巣提索と卵巣動静脈を別々に処理している場合は卵巣動静脈の結紮部は比較的尾側（腎臓の数cm尾側）にあるため、発見しやすい。卵巣提索と卵巣動静脈を一括で結紮している場合、卵巣動静脈は卵巣提索によって頭側へ引っ張られてしまうため、卵巣提索を別々に処理している場合よりも結紮部は頭側へ位置する。視野を頭側に広げるため状況に応じて皮膚および腹筋を頭側へ切開する必要がある。

　子宮頸周辺からの出血が疑われる場合は、膀胱尖部を尾側に牽引して子宮の断端を確認する。出血点が確認できたらモスキート鉗子の先端で出血部をつかむ。このとき、尿管やほかの組織を巻き込んで結紮しないように注意を払う。卵巣茎、子宮頸のどちらで出血しても近くに尿管が存在するため、なるべく出血部をピンポイントに鉗圧し、尿管をつかんでいないことを確認したうえで結紮、焼灼する。

　術後に出血が疑われた場合は、保存的治療（輸液を行い経過観察、腹部の圧迫包帯を実施するなど）を行うか、外科的介入を行うかを決めなければならない。また、多くの場合、選択的不妊手術はその症例が受けるはじめての手術となるため、先天的な凝固異常をあらかじめ除外する必要がある（凝固異常については内科の専門書を参照していただきたい）。明確な基準がないため判断に苦慮するが身体検査、超音波検査、血液検査の所見により対応法を決定する（時間経過による腹水の増大や貧血の亢進の有無など）。腹部の圧迫包帯により4症例中3症例で止血に成功したとの報告がある[2]。しかし残りの1症例は外科的介入を必要としたとされているため、やはり外科的に介入する準備はしておかなければならないと思われる。

　術後に出血が疑われ再手術により止血する場合、出血点を確認することは難しいとされている。これは、全身麻酔をかけることにより血圧が低下し、一時的に止血されるためと考えられる。このため、出血点が確認できない場合は右側卵巣茎、左側卵巣茎、子宮頸のすべてを結紮し直すことが推奨される[5]。

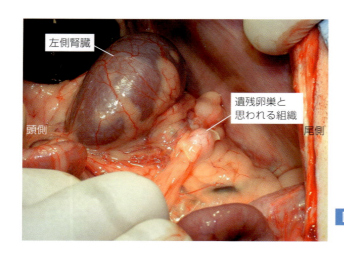

図3-2 卵巣遺残の症例
左側腎臓尾側に遺残卵巣と思われる組織が認められた。

卵巣遺残

卵巣遺残は犬・猫ではまれであるが、時に認められる。卵巣子宮摘出術（ないし卵巣摘出術）実施時に卵巣組織を取り残すことで起こる疾患であり、実験による報告では取り残された卵巣組織の小片が再血管化により機能を取り戻すとされている[5]。卵巣遺残は手術失宜によって起こるが、経験の少ない獣医師が手術を行った場合より経験があり独特な手技により手術を行った場合に起こることが多い。避妊手術後に起こるはずがない発情徴候が認められることによって疑われる。診断は、超音波検査による卵巣組織の確認やホルモン検査によって確定する。

卵巣遺残を起こさないためのポイント

卵巣は周囲に脂肪が多く、また卵巣間膜、卵管間膜に覆われているため、とくに犬では卵巣の確実な視認が難しい[6]。視認は難しいが、触診でおおよその位置を把握することはできる。腹腔内出血の項で述べたとおり、まず脂肪を分離して卵巣提索、卵巣茎を視認することが重要である。卵巣提索を切断することにより腹腔外まで卵巣を牽引することが可能になる。卵巣茎を結紮離断する際は卵巣から1 cm以上離した位置で行うことで、卵巣を取り残す可能性がきわめて低くなる。

卵巣遺残の対応

手術によって腹腔内を探索し、遺残している卵巣を摘出することで完治する。手術はどの時期でも実施可能だが、発情前期、発情期、発情後期に行うことによって、遺残卵巣に小胞を認める、血管が発達するなど遺残卵巣の発見が容易になることがある。遺残卵巣は結紮した卵巣茎周囲に存在するため結紮部周囲を確認するとよい。結紮部は腎臓尾側に位置するため腎臓尾側を確認する（図3-2）。また、遺残卵巣がある後腹膜周辺は脂肪が豊富に存在するが、遺残卵巣は脂肪よりやや暗い色をしていること、触診上、脂肪より硬いことから判断できる。遺残卵巣は腎臓尾側かつ尿管に近い位置に存在することが多いため、切除前に必ず尿管の位置を確認しておく。もし遺残卵巣がわからない場合は、以前の手術で結紮した卵巣茎の部分を両側とも切除し、病理組織学的検査を実施する。卵巣を取り残すと再び同様の症状が認められる可能性があるため、明らかに孤立した遺残卵巣でないかぎり、子宮広間膜や大網など周辺組織の卵巣と思われる組織はすべて摘出する（図3-3）。

子宮断端膿瘍（断端蓄膿症）

子宮断端膿瘍は卵巣子宮摘出術の際に子宮体を取り残した場合に起こり得る。しかし、子宮体を取り残しただけで子宮断端膿瘍が起こることはほとんどない。実際、卵巣摘出術で卵巣のみを摘出した場合でも、子宮蓄膿症が起こる可能性はほとんどないようである[5]。子宮断端膿瘍は一般的な子宮蓄膿症と病態生理学的には同様で、卵巣から放出されるプロジェステロンの繰

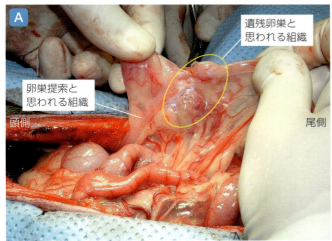
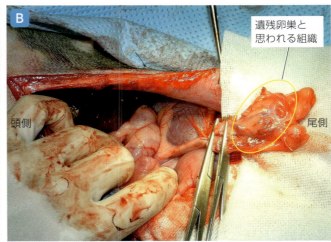
遺残卵巣が疑われる組織を腹腔外に牽引した。卵巣が疑われる部分が広く存在した。
遺残卵巣摘出前。遺残卵巣が疑われる組織から距離を置いて切断する。

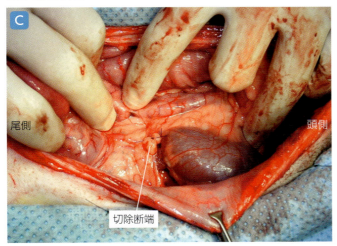
遺残卵巣摘出後。

図3-3 遺残卵巣の摘出

り返しの曝露により、子宮が粘膜過形成を起こすことからはじまる。そのため、子宮断端膿瘍が起こるときは大抵の場合、卵巣遺残を伴う。まれではあるが、プロジェステロンを投与されている場合も同様の症状を起こす可能性があるため、投薬歴を聞く必要がある。

子宮断端膿瘍を起こさないためのポイント

前述のとおり、主原因は卵巣遺残である。卵巣遺残があるうえで子宮体を取り残すと発症する可能性がある。このため、まず卵巣遺残の項で述べたように卵巣を取り残さないようにする。また、尿管を損傷するなどのリスクがない場合は子宮体を取りきることも重要

である。

子宮断端膿瘍の対応

膿瘍は子宮断端（子宮体）に存在するため、子宮頸の位置で切除し直す。子宮の断端は膀胱（尿道）の背側、結腸の腹側にあるため、膀胱を後屈させることで確認することができる。確認できたら子宮頸を二重結紮し、子宮断端を離断する。子宮断端は結腸や膀胱に癒着している場合があるため、癒着している場合は丁寧に剥離する。また、尿管が近くを通るため切除する際は必ず尿管の位置を確認する（図3-4、3-5）。

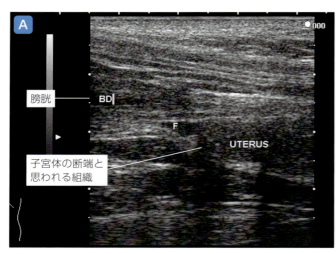
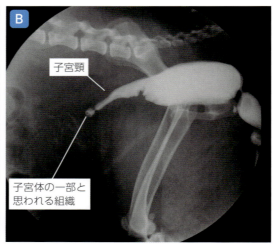

子宮断端膿瘍の症例の腹部超音波画像（長軸断面像）。膀胱尾背側に子宮断端と思われる腫瘤（約1cm）が認められた。

同一症例の逆行性腟尿路造影検査（側面像）。子宮頸とその先端に子宮体の一部と思われる構造が認められた。

図3-4 子宮断端膿瘍の症例の検査所見

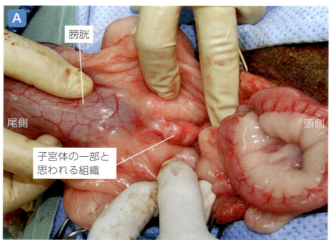
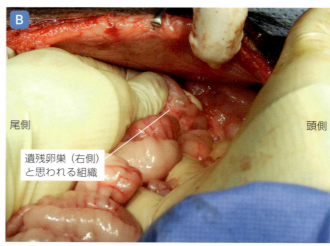

腹部正中切開で開腹後、膀胱を後屈し尾側へ牽引したところ、膀胱背側に絹糸で縫合された子宮断端が認められた。残存した子宮体の一部が膀胱と癒着していたため、膀胱との癒着を剥離し摘出した。

左右の卵巣が存在した部位を精査したところ、右側腎臓の尾側に嚢胞を形成する卵巣と思われる組織が認められた。

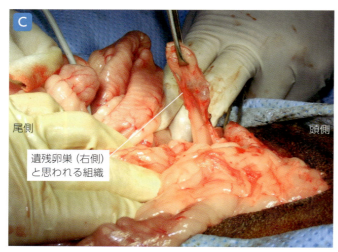

遺残卵巣（右側）と思われる組織を周囲から分離し摘出した。

図3-5 子宮断端膿瘍の症例の手術所見（図3-4と同一症例）

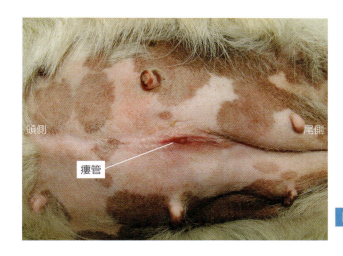

> **図3-6** 断端肉芽腫（縫合糸肉芽腫）の症例の腹部外観
> 腹部正中、臍尾側の切開創に瘻管が認められた。

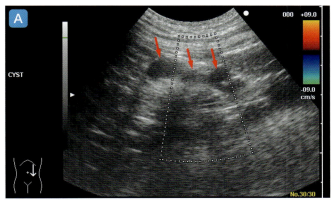

図3-6と同一症例の腹部超音波画像（長軸断面像）。左側腎臓尾側から膀胱背側にかけて囊胞（→）を伴う腫瘤性病変が認められた。

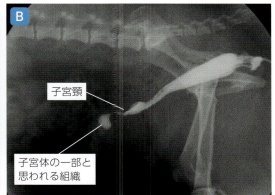

同一症例の逆行性腟尿路造影検査（側面像）。子宮頸とその先端に子宮体の一部と思われる構造が認められた。

> **図3-7** 断端肉芽腫（縫合糸肉芽腫）の症例の検査所見（図3-6と同一症例）

断端肉芽腫（縫合糸肉芽腫）

　子宮断端肉芽腫と卵巣茎断端肉芽腫はほとんど遭遇する機会がない。しかし、古い文献では手術を行った症例の28%以上に起こるとされている[4]。この合併症の原因のほとんどが縫合糸によるものであり、その点が改善されたため現在は遭遇しなくなったと思われる。マルチフィラメントの非吸収糸やナイロンケーブルを用いると起こる可能性がある。肉芽腫が形成されるとその後瘻管が生じ、皮膚から排液が認められることがある。瘻管は側腹部や殿部、大腿部内側、鼠径部に生じる。抗菌薬やステロイドを使用すると一時的に治まることがあるが、投与を中止すると再発し、縫合糸を除去しないかぎり症状が継続する。

断端肉芽腫を起こさないためのポイント

　子宮頸と卵巣茎に使用する縫合糸を組織反応性の低いモノフィラメント縫合糸にすることで、ほとんどの場合は回避できると思われる。吸収糸がよいか非吸収糸がよいかという点は議論が分かれるところではあるが、筆者はほとんどの場合、まずポリジオキサノンを用いる。それにより反応が起こる場合はモノフィラメントのナイロンやポリプロピレンなどの組織反応性の低い非吸収糸を用いることを検討する。

断端肉芽腫の対応

　縫合糸を除去することで改善する。実際は肉芽腫内の縫合糸を視認することが難しく、縫合糸のみを除去することは困難であるため肉芽腫とともに切除する。周囲組織と癒着していることが多いため、難しい手術になることがある（図3-6〜3-8）。

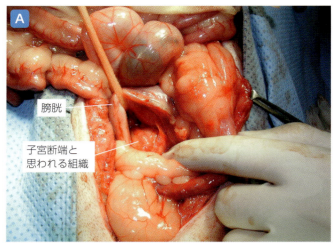
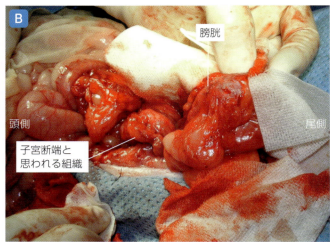
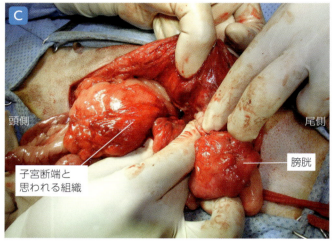
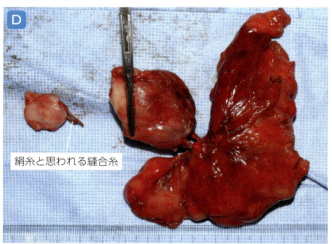

A: 腹部正中切開にて開腹し、膀胱を背側に牽引したところ、子宮断端と思われる腫瘤性病変が確認された。

B: 膀胱背側の漿膜面を一部削ぐことで子宮断端と思われる腫瘤と膀胱との癒着を剥がした。

C: 子宮断端と思われる腫瘤は左側腹壁にも癒着していたため、腹膜および腹筋の一部を腫瘤側につけて癒着を剥がした。

D: 腫瘤は子宮断端と確認できたため子宮頸と思われる位置で結紮離断したが、離断部から絹糸と思われるマルチフィラメントの非吸収糸が出てきたため、さらに腟側で再度結紮・離断することで縫合糸を取りきった。卵巣の遺残はなく、子宮断端の細菌培養検査結果は陰性であった。

図3-8 断端肉芽腫（縫合糸肉芽腫）の症例の手術所見（図3-6と同一症例）

尿管損傷

　尿管は腎臓の内側からはじまり、後腹膜の背側を通り膀胱頸部におわる。また尿管遠位は膀胱頸部で子宮頸に接近する。このことを意識していないと子宮頸を結紮する際に尿管を一緒に結紮したり、子宮頸周囲の子宮間膜を切離する際に尿管を損傷したりすることがある。

　また、卵巣を牽引した場合、尿管も後腹膜とともに牽引した卵巣側に移動する。卵巣を牽引しながら深い位置で卵巣動静脈を結紮する際は、尿管を一緒に結紮してしまわないよう注意する（図3-9）。通常、そのような深い位置で結紮することはないが、卵巣動静脈の結紮に失敗し再度結紮が必要になった場合は、卵巣動静脈を深い位置で結紮し直さなければならないため、そのようなときに尿管を結紮してしまうことがある。

　前者のほうが多く認められると思われるため、膀胱近く、とくに子宮頸（より腟に近い位置）を結紮する際は気をつけなければならない。

　猫の尿管は子宮体〜子宮頸の位置で子宮に最も接近する（図3-10）。このため、子宮頸で結紮をする際は犬よりも気をつけなければならない。とくに蓄尿が多いときは膀胱がより頭側へ位置するため注意を払う。また、まれではあるが、尿管を子宮動静脈と誤認し切離してしまうこともある。

　尿管と卵巣、子宮は解剖学的に位置が近いため、解

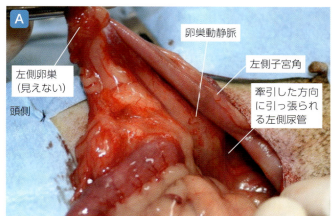
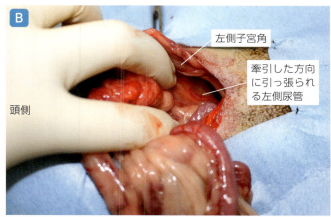

卵巣動静脈を頭腹側へ牽引した。尿管が卵巣動静脈の基部に認められる。

尿管の位置を確認するために卵巣動静脈を頭側へ牽引し、尿管を視認した。

図3-9 卵巣動静脈と尿管の位置関係

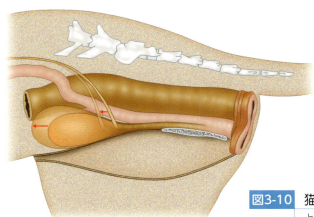

図3-10 猫における尿管と子宮の配置 （文献7より引用、改変）
とくに蓄尿が多いときは膀胱がより頭側へ位置するため、注意を払う。

剖を熟知していないとこれらの合併症が起こり得る。

尿管損傷を起こさないためのポイント

　尿管近位部を損傷しないためには卵巣茎から出血させないことが重要である。出血した場合は卵巣動静脈の先には尿管があることを認識し、注意を払いながらモスキート鉗子などの先が細い鉗子やドベーキー鉗子などの非挫滅鉗子で出血部を鉗圧する。尿管を挟んでいないことを確認したうえで血管を結紮もしくは焼灼する。

　尿管遠位部を損傷しないためには、尿管を確認した後に子宮間膜の処理や子宮頸の結紮を行うことが重要である。その際は、膀胱内の尿を排出させ、膀胱を空の状態にして後屈させると尿管がより明瞭に認識できるようになる。

　いずれの場合も適切な範囲の皮膚、腹筋を切開して視野を確保し、解剖学的な特徴を理解しながら手術を行うことが重要である。

尿管損傷を起こしたときの対応

　尿管損傷の整復は、尿管自体が細いため高い技術が要求される。また、猫や体格が小さい症例ではより尿管が細いため難易度が上がる。細い尿管を整復する場合は、マイクロサージェリー専用の外科器具や拡大鏡、尿管を吻合するための細い縫合糸が必要である。

　尿管を誤って切離した場合は、切離部の端々吻合もしくは端側吻合を行い、尿管同士を吻合・整復する。吻合部は術後すぐに組織の腫脹により狭窄することがあるが、術後3〜4週に狭窄することもある。このため、吻合する際は吻合部の尿管の断端を縦方向に切開して吻合部の径を広げる必要がある（図3-11）。縫合糸は吻合する尿管のサイズに応じて6-0〜10-0の縫合糸を

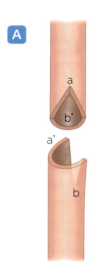 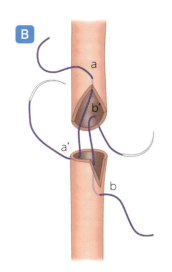 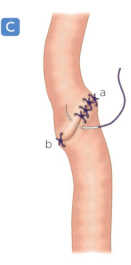

尿管の断端を縦方向に切開する。　　　　　尿管切開部の先端をそれぞれa、bとし、a　　最後にその間の部分を単純結節縫合する。
　　　　　　　　　　　　　　　　　　　　（b）から180度の位置をb'（a'）とする。
　　　　　　　　　　　　　　　　　　　　aとa'、bとb'をそれぞれ縫合する。

図3-11　尿管端々吻合術の模式図（文献8より引用、改変）
尿管の断端を縦方向に切開して、吻合部の径を広げる。

使用し、単純結節縫合で吻合する。尿管の損傷部が膀胱近くの場合は尿管どうしを吻合するのではなく、尿管の断端と膀胱壁を吻合する尿管膀胱新吻合術を行うほうがより容易で合併症を生じる可能性が低くなる。猫では膀胱、尿管各々を近づけることで腎臓に非常に近い位置での尿管損傷でも尿管膀胱新吻合術が適応可能である。尿管が細く、狭窄により尿が完全に排出されない状況が予測される場合は、尿管ステントの使用や一時的な腎瘻チューブの設置を検討する（図3-12）。

尿管を損傷した側の腎臓が長期にわたり水腎化しておりすでに機能していない場合は、片側の腎臓および尿管を摘出する。

尿失禁（犬）

手術後に尿失禁が起こる可能性はまれである。尿失禁は手術直後に起こることもあるが原因によっては手術から長い時間が経過した後に起こることもあるとされており、平均するとおよそ手術後2.9年で起こると報告されている[5]。尿失禁はホルモン性（エストロゲン値の低下）や子宮断端部の膀胱への癒着、子宮断端肉芽腫によって生じるといわれている[4,9]。エストロゲンはα受容体の数とアドレナリンに対する受容体への親和性を増加させ尿道平滑筋の緊張を増加させる。そのため、避妊手術によりエストロゲンが減少すると尿道括約筋の緊張が低下し、尿失禁が起こる。ラブラドール・レトリーバーやボーダー・コリー、イングリッシュ・コッカー・スパニエルに多いとされているが、国によって飼育されている犬種の比率が異なるため、重要性は高くないかもしれない[10]。

尿失禁を起こさないためのポイント

残念ながら手術を行う以上、尿失禁を避ける方法は筆者の知るかぎり報告されていない。3カ月齢より前に卵巣子宮摘出術を実施すると尿失禁のリスクが高くなる、子宮頸管を切除された場合に起こりやすくなるなどといわれているが、明確にそれらが証明されたわけではない[4,5,9]。筆者は子宮頸管を切除することもあるが、報告以上に尿失禁が起こるとは感じていない。

尿失禁を起こしたときの対処

卵巣子宮摘出術を受けた経歴がある、尿検査や超音波検査、血液検査には異常が認められない急性の尿漏れがあるという場合に本症を疑わなければならない。20 kg以上の大型犬ではより起こりやすいことを知っておくと診断時に役に立つ。ホルモン性が疑われた場合は、ホルモン製剤であるエストリオールや交感神経作動薬であるエフェドリン、フェニルプロパノールアミン（海外薬）などにより診断的治療を実施する（表3-1）。これにより改善した場合はホルモン性と診

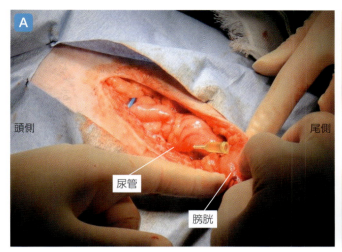
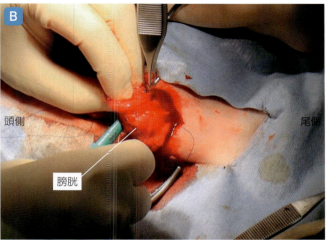

膀胱近くの尿管を誤って切離してしまった猫の症例。尿管断端を膀胱に縫合する尿管膀胱新吻合術を行うこととした。腎臓側の尿管断端に24G留置針の外套を挿入し尿管断端を確認する。

膀胱の背側を切開し、膀胱粘膜を確認した後、膀胱背側に直径3mmの生検トレパンを用いて円形の穴を開けた。

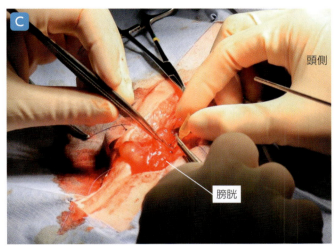
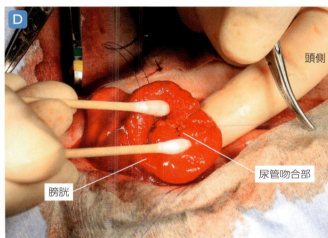

膀胱粘膜と尿管を7-0のポリジオキサノンを用いて縫合した。尿管の内腔を確認するため、24Gの留置針の外套を入れながら縫合している。

縫合後。

図3-12 尿管損傷時の対応

表3-1 尿失禁の治療（文献11より引用、改変）

薬物	投与量、投与方法
フェニルプロパノールアミン[※1]	犬：1.5〜2 mg/kg、PO、BID〜TID[※2]
	猫：1.5 mg/kg、PO、TID
エフェドリン	犬：0.4 mg/kg から開始し4 mg/kg、PO、BID〜TIDまで徐々に増量[※3]
	猫：2〜4 mg/頭、PO、BID〜TID
エストリオール	犬：2 mg/頭、PO、QD、7日間。次いで有効最少量に減量（0.5〜2 mg/頭、QD〜QOD）
イミプラミン	犬：2〜4 mg/kg、PO、QD〜BID

QD：1日1回、BID：1日2回、TID：1日3回、QOD：1日おきに1回、PO：経口投与
※1 日本では購入できない。
※2 最少量から開始するのが最もよく、必要に応じて徐々に増量する。
※3 典型的には、中毒症状は5 mg/kg から始まり、10 mg/kg では即時に死亡する可能性がある。

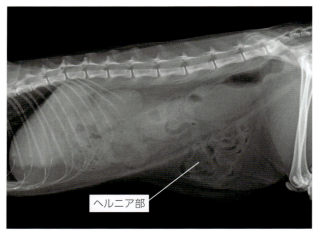

図3-13 術後腹壁ヘルニアが認められた猫のX線画像（側面像）
開腹手術を行ったが縫合糸の選択を誤り、手術の数日後に腹壁ヘルニアが認められた。

断し、内科的治療を継続する。

術後腹壁ヘルニア

手術直後～1週間ほどで腹筋の縫合部が離開し、腹腔内臓器が皮下に脱出している状態である。腸管などの腹腔内臓器が嵌頓する可能性があるため対処が必要となる（図3-13）。

術後腹壁ヘルニアを起こさないためのポイント

術後腹壁ヘルニアを起こさないためには縫合糸や縫合法の適切な選択、腹筋の筋膜の確実な並置縫合を行うことが重要である。単純結節縫合で縫合する場合、縫合糸のサイズは猫・小型犬では4-0～3-0、中型犬では3-0～2-0、大型犬では2-0～0を用いる。単純連続縫合で縫合する場合は強度の問題から1つ太い縫合糸を用いる。閉腹時に腹筋を縫合する際は、腹筋の筋膜が支持組織として最も強固なため、腹筋の筋膜を確実に並置縫合するようにする。筋膜を並置せず腹筋を縫合するとその部分が脆弱になる。

術後腹壁ヘルニアを起こしたときの対処

触診により診断できるため、ヘルニアが疑われた場合はすぐに縫合を行う。再縫合の際は前述のことを理解したうえで実施する。離開した腹筋の断端が明瞭ではない、壊死している可能性がある場合は、断端のデブリードマンを行った後に縫合する。

おわりに

避妊手術は臨床獣医師であるかぎり必ずかかわることになる必須のテクニックである。それにもかかわらず、去勢手術より何倍も難易度が高い。また起こり得る合併症も術者の技術に依存し、縫合不全による出血や尿管損傷など致命的なものも起こり得る。よく目にする「傷をいかに小さくするか」という非常にリスクが大きい考え方にとらわれるのではなく、まずは確実に視認し確実に処置することを覚えていくべきである。もし開腹下で手術を行うのであれば、侵襲度の観点からはどのみち腹腔鏡手術には勝てないと割り切って確実な手術を行ってほしい。先生方の明日に行う手術の一助となれば幸いである。

謝　辞

本稿作成にあたりご尽力いただいた、きたの森動物病院の長櫓 司先生、山口獣医科医院の耕三寺 宏安先生、保坂 真美さん、ライフメイト動物救急センター八王子の小川名 巧先生に深く感謝いたします。

【参考文献】
1. Pollari, F. L., Bonnett, B. N., Bamsey, S. C., et al.(1996): Postoperative complications of elective surgeries in

dogs and cats determined by examining electronic and paper medical records. *J. Am. Vet. Med. Assoc.,* 208(11):1882-1886.

2. Burrow, R., Batchelor, D., Cripps, P.(2005): Complications observed during and after ovariohysterectomy of 142 bitches at a veterinary teaching hospital. *Vet. Rec.,* 157(26):829-833.

3. Muraro, L., White, R. S.(2014): Complications of ovariohysterectomy procedures performed in 1880 dogs. *Tierarztl. Prax. Ausg. K. Kleintiere. Heimtiere.,* 42(5):297-302.

4. Fransson, B. A.(2017): Ovaries and Uterus. In : Veterinary surgery: small animal (Tobias, K. M., Johnston, S. A. eds.), 2nd ed., pp. 2109-2129, Elsevier.

5. Adin, C. A.(2011): Complications of ovariohysterectomy and orchiectomy in companion animals. *Vet. Clin. North. Am. Small Anim. Pract.,* 41(5):1023-1039.

6. Evans, H. E., Lahunta, A.(2013): The urogenital system. In: Miller's anatomy of the dog, 4th ed., pp.361-405, Elsevier.

7. McCracken, T. O., Kainer, R. A., Carlson, D. (2009): ネコ. In: イラストでみる小動物解剖カラーアトラス, 浅利昌男 監訳, pp.34-59, インターズー.

8. Fossum, T. W.(2002): Ureteral Anastomosis. In: Small Animal Surgery, 3rd ed., pp.554-557, Mosby.

9. MacPhail, C. M.(2013): Surgery of the reproductive and genital system. In : Small animal surgery (Fossum, T. W. ed.), 4th ed., pp.780-855, Elsevier.

10. Pegram, C., O'Neill, D. G., Church, D. B., *et al.* (2019): Spaying and urinary incontinence in bitches under UK primary veterinary care: a case-control study. *J. Small Anim. Pract.,* 60(7):395-403.

11. Hedlund, C. S. (2008): 第26章 生殖器と外性器の外科. In: Small Animal Surgery 第3版・上巻 (Fossum, T. W. ed.), 若尾義人, 田中茂男, 多川政弘 監訳, p.816, インターズー.

第4章

犬と猫の腹腔鏡下卵巣子宮摘出術・卵巣摘出術

犬と猫の腹腔鏡下卵巣子宮摘出術・卵巣摘出術

はじめに

犬と猫の避妊手術は、多くの場合、動物たちが生まれて初めて受ける外科処置である。また、不必要な繁殖を避け、病気を予防するという目的で「疾患のない」動物に行う手術でもある。これらのことから、可能なかぎり痛みの少ない手法で行うことが獣医師に求められる。「治療による動物の疼痛を最低限にすべきである」という概念は、世界的にも獣医療の道徳的・倫理的な義務として広く認識されてきており、疼痛緩和について詳細な記述がない論文や学会発表は却下されることもある。外科手術に携わる獣医師は、薬剤などによって痛みを抑えるだけではなく、手術侵襲を可能なかぎり軽減することが求められるようになった。国際的な学術集会のなかでも、低侵襲外科（Minimally invasive surgery：MIS）と呼ばれる外科手術の一分野が確立されつつあり、その重要性は年々高まっている。

本邦においても、動物に対するより侵襲性の低い治療法として、内視鏡外科手術が取り入れられるようになって久しい。その中でも腹腔鏡下避妊手術は、最も実施数の多い手術と考えられる。腹腔鏡手術は開腹手術と比べ、切開創が小さいこと、腹腔内がよく観察できること、動物が術後に早く回復することなどが大きなメリットであるとされ、現在では多くの施設で実施されている。しかし、「腹腔鏡手術が本当に低侵襲なのか」ということに関しては、現時点ではエビデンスに乏しいといわざるを得ない。さまざまな研究が報告されているが各種パラメーターの分析では、開腹手術と腹腔鏡手術には統計学的に明確な差違は認められないというものが多い[1-6]。しかし、臨床的には犬や猫の腹腔鏡下避妊手術は、開腹下避妊手術と比較し明らかに疼痛が少ないと考えられるため、正しい知識をもったうえで広く普及されることを期待している。

本稿では、腹腔鏡下避妊手術の実施方法を紹介し、安全にこの手技を行うための重要事項を解説したい。

腹腔鏡手術の概要

犬と猫の避妊手術において、欧州では卵巣摘出術、米国では卵巣子宮摘出術が行われることが多いといわれている。腹腔鏡下避妊手術においても卵巣子宮摘出術と卵巣摘出術があり、どちらも用いられるが[2]、本稿では国内でよく行われている卵巣子宮摘出術についておもに述べ、卵巣摘出術に関してはその概要について解説する。

腹腔鏡手術のメリット

腹腔鏡手術のメリットを以下に述べる。

切開創が小さい

術式にもよるが、トロッカー（体腔内に内視鏡や鉗子などを挿入して手術するために、体腔内と体外をつなぐ連絡路の役割を担う筒状の医療機器のこと）を挿入するために実施する皮膚切開は2〜10 mm程度で、2〜3カ所の切開にて避妊手術を行うことができる。切開創が小さいことにより、疼痛が緩和できるというメリットがある。また、開腹手術と比較して疼痛が少ないことにより術後に動物が切開創を舐める頻度を軽減できるため、術後管理が容易になる。通常は手術後のエリザベスカラーや術後服は必要ないことが多い。

腹腔内臓器が明確に可視化できる

腹腔鏡手術ではハイビジョンや4Kカメラシステムにより、腹腔内臓器を明瞭に可視化できる。これにより、従来の開腹手術では得られなかった高精細な画像が得られ、微細解剖に基づく手術が行えるようになった。卵巣・子宮や周囲臓器の奇形などの解剖学的なバリエーションにも対応できる。

他疾患の早期診断が可能

腹腔鏡手術では腹腔内全体を観察できるため、術中にほかの臓器の異常を発見できることがある。消化管、膀胱、脾臓、肝臓、横隔膜などの病変を早期診断できることも多い。異常を発見した際に、手術時に作製し

たポートから生検鉗子を挿入し、組織生検を実施することも可能である。

腹腔内を開放しないため、癒着が起こりにくい

人医療では、腹腔鏡手術は開腹手術と比較し、術後の癒着が起こりにくいと考えられている[7]。これは、手術中に腹腔内の湿潤状態が保たれることに加え、手で触れることによる臓器への負荷が少ないことが理由と考えられている[7]。生涯のうちに複数回の腹部手術を受ける動物が増加しているため、癒着の減少は大きなメリットと考えられる。

手術時の臓器の牽引が少ないため、術後の疼痛が少ない

開腹手術では卵巣・子宮を腹腔外へ牽引し結紮や離断を行う。牽引する際、動物の背側に存在するこれらの臓器を、比較的大きな力で牽引しなければならない。手術時における疼痛発生の原因の多くは、この臓器の牽引によるものと考えられているため、卵巣・子宮の処置を腹腔内で行うことができる腹腔鏡手術のほうが疼痛は少ないと考えられる。

手術動画の共有

腹腔鏡手術では記録装置の使用により手術のすべての動画を保存することが可能である。術後にこれらを見直すことにより、術中には気づけなかった手技の問題点を確認することができ、手術にかかわるスタッフとも問題点を共有できる。これは腹腔鏡手術の教育的なメリットと考えられる。また、手術動画を動物の飼い主と共有することができ、手術内容を詳細に説明することにより、信頼関係の構築にも寄与するメリットがある。

腹腔鏡手術のデメリット

腹腔鏡手術には前述のように多くのメリットがある反面、デメリットも存在するため以下に述べる。

多くの特殊機器や道具が必要

腹腔鏡手術では、通常の手術では用いることのない長い鉗子やトロッカーなどを用いなければならない。

また専用の機器が必要である。これらの経費や手術室での取り回し（モニターや機械類のタワーを置くには一定のスペースが必要なため、手術室が狭い場合は、適切な位置に機械類を配置できないことがある）がデメリットになる可能性がある。

手術の際、多くの人員が必要

開腹手術でに術者と助手（不要な場合もある）、麻酔管理担当者などの人員（2～3人）で手術が可能だが、腹腔鏡手術では術者と助手、麻酔管理担当者に加え、外回りの人員が必須となる（3～4人）。

技術の習得が必要

腹腔鏡手術は、長い鉗子を用いモニターを介して行う手術であるため、開腹手術とはまったく異なるスキルが要求される。安定した手術を行うためには一定の練習が必要であると考えられている[8-11]。

出血などに対する対処

腹腔鏡手術では、少量の出血でも視野が悪くなり開腹手術よりも出血点が特定しづらいこと、縫合による止血が技術的に難しいことにより、出血が起こったときの対処が開腹手術よりも困難であると考えられている。臓器損傷などにより出血が起こった場合は、開腹手術への移行が必要になる場合がある。

適応

すべての年齢、体格、種類の犬および猫が腹腔鏡手術の適応である。適応か否かの判断は体格によらない[12]。しかし、体格によって手術操作に必要なワーキングスペースが小さくなることを考慮しなければならない。非常に体格の小さな動物に対しては、一定以上のスキルをもつ術者による施術が求められる。

高齢動物や肥満の動物の手術において、体腔内で血管処理ができる腹腔鏡手術のメリットは大きい。筆者は、肥満した大型犬の避妊手術については、開腹手術よりも腹腔鏡手術のほうが安全であると考えている。

禁忌

相対的な禁忌としては開腹手術と同様の一般的な麻酔リスクの高い動物が挙げられる。さらに、腹腔鏡手

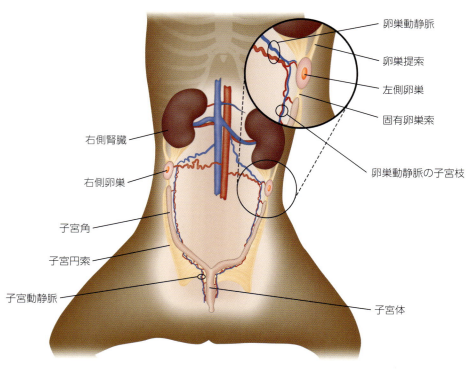

図5-1　腹腔鏡下避妊手術の際に必要な解剖模式図（文献13より引用、改変）

術独自の禁忌および相対的な禁忌事項として以下のようなものが考えられる。

気腹状態の維持が困難である場合

心臓疾患や肺疾患により気腹状態を維持できない症例では、腹腔鏡手術は禁忌となる。具体的には、心不全、肺炎、肺水腫、肺腫瘍、クッシング症候群による肺の石灰化、横隔膜ヘルニアなどが挙げられる。腹腔鏡手術を開始し気腹を行った後に換気不全を生じる場合は、躊躇せず速やかに開腹手術に移行すべきである。

発情中および病的な卵巣や子宮の場合

発情中の症例や中等度に拡張した子宮蓄膿症の動物は腹腔鏡手術の適応になる場合もあるが、血管が発達しており出血のコントロールや臓器の圧排などに一定の技術が必要であるため、基本的な手技を確立した後に行うべきである。

外科解剖、発生学

犬と猫では避妊手術に関連する解剖学的・発生学的差違はほとんどないため、ここでは犬の解剖を中心に述べる。手術を行ううえで理解しておかなければならない重要な構造は卵巣、卵巣動静脈、卵巣提索、子宮角、子宮体、子宮間膜、子宮動静脈である（図5-1）。

卵巣（図5-2～5-4）

・犬の卵巣（図5-2）は完全に卵巣嚢に包まれており、脂肪を含んでいる。猫の卵巣（図5-3）では、卵巣嚢が卵巣の側面を覆っているが、脂肪を含まないため可視化が容易である。

・卵巣は卵巣への血管とともに、間膜によって背外側腹壁に固定されている。卵巣提索は尾側で子宮間膜と連続している。

・左側卵巣は最後肋骨中央部に位置する左側腎臓の後方1～3cmのところに存在する。典型的には左側卵巣は腹壁と下行結腸との間にある。

・右側卵巣は右側最後肋骨の後方に存在する。右側卵巣の腹側縁と内側面は、卵巣間膜に密接している。若齢動物では、右側卵巣は右側腎臓の脂肪被膜の腹側、および十二指腸下行部の背側にある。

・子宮間膜（子宮広間膜の頭側の部分）のほかに卵巣

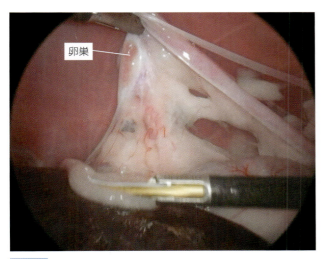

図5-2　犬の卵巣

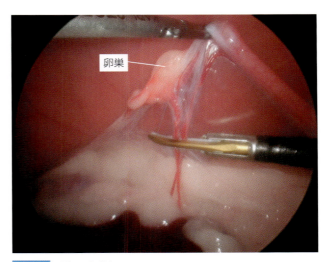

図5-3　猫の卵巣

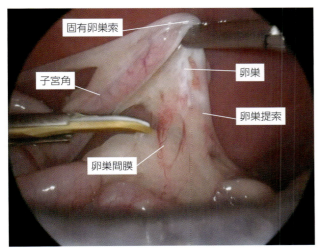

図5-4　卵巣周囲の解剖（犬）

は別の2つの索状の付着物をもつ。卵巣提索の頭側は最後の1～2本の肋骨の中央部および腹側1/3のところに付着している。尾側は、卵巣と卵巣間膜の腹面および卵巣嚢開口部と上行卵管との間の2カ所に付着している。卵巣提索は2層の腹膜の間にあり、子宮広間膜の遊離縁の頭側部を形成している。卵巣提索は尾側で固有卵巣索に引きつがれる。かわって固有卵巣索は、子宮角の頭端に付着する。そこで固有卵巣索は子宮円索に連続し、子宮円索は尾側の鞘状突起に向かって伸びる。

子宮

・子宮は子宮角、子宮体、子宮頸から構成されている。

・卵巣、卵管および子宮を腹腔の背外側壁および骨盤腔の外側壁に結びつけている構造物を子宮広間膜という。形態学的に子宮広間膜は卵巣間膜、卵管間膜、子宮間膜の3つの領域に分けられる。

・子宮角の長さは犬で10～14 cm、猫で9～10 cmである。子宮間膜は背外側に子宮を固定し、子宮動静脈を内包する。

血管走行

・卵巣は卵巣動脈から血液供給を受けている。卵巣動脈は、腎動脈から深腸骨回旋動脈までの距離のほぼ1/3～1/2のところで大動脈から分岐する。通常、右側卵巣動脈は左側卵巣動脈よりやや頭側で分岐する。

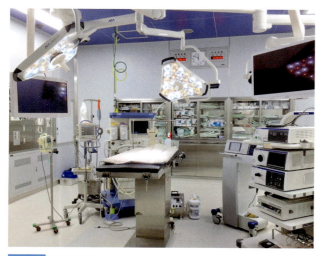

図5-5 手術室
当院の手術室。腹腔鏡手術のためには、専用の機器類のほか、天井吊り下げ型モニターなどがあると、セッティングが行いやすい。

図5-6 手術中の様子
術者の横に助手（カメラ係）が立ち、術者はモニターを見ながら手術を実施する。

図5-7 ビデオカメラ装置（VISERA 4K UHD 高輝度光源装置OLYMPUS OTV-S400：オリンパス）

・左右の卵巣静脈は異なった終末をとる。右側卵巣静脈は後大静脈に入るが、左側卵巣静脈は左側腎静脈に入る。伴行の動脈と同様に、子宮静脈と卵巣静脈は子宮広間膜の2枚の腹膜の間で吻合する。左右の卵巣静脈は卵巣提索の内側縁および腎臓の外側面からくる静脈枝を受けている。

使用する機材と術前の準備

手術室の条件

　腹腔鏡手術は、さまざまな器具機材を用いるため、一定以上の広さの手術室が必要となる。術中にモニターを移動しなければならないケースも多いため、かない動物病院（以下、当院）では天井吊り下げ型のモニターを2台用いている（図5-5）。

手術人員の確保

　腹腔鏡下避妊手術では術者は腹腔鏡の操作を担当することができないため手術助手が必要となる。さらに、腹腔鏡下避妊手術では、補助換気や陽圧換気が必要であり、腹腔内に二酸化炭素ガスによる送気を行うほか、体位の変換を行うことから麻酔管理担当者を置くことが望ましい。さらに、気腹圧管理や送気停止・再送気操作などもあることから最低3人、可能であれば4人の人員構成が望ましい（図5-6）。

腹腔鏡下避妊手術に用いる器具

ビデオカメラ装置（図5-7）

　3CCD、フルハイビジョン、4Kなどのビデオカメラ装置に、カメラヘッドとテレスコープを接続して高画質の画像を得ることができる。

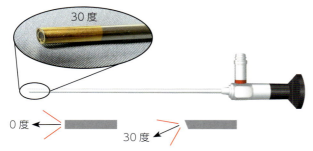

図5-8 テレスコープ（カメラ）（4K光学視管30度、直径10 mm：オリンパス）
テレスコープから得た画像はモニターに拡大して見ることができる。

図5-9 光源装置（VISERA 4K UHD 高輝度光源装置 OLYMPUS CLV-S400：オリンパス）
ケーブルを介してテレスコープに光を伝達する。

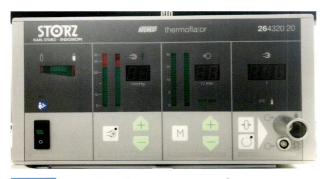

図5-10 気腹装置（SCB Thermoflator® 264320 20：KARL STORZ Endoscopy Japan）
腹腔内に一定の圧で二酸化炭素ガスを送気する装置。加温機能のあるものが望ましい。

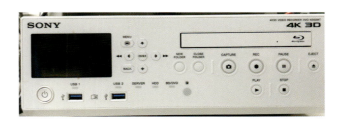

図5-11 記録装置（4K 3Dビデオレコーダー HVO-4000MT：ソニー）
腹腔鏡手術の動画を記録する装置。4Kなどの動画を画質を落とすことなく保存するためには、医療用レコーダーがあるほうがよい。

テレスコープ（図5-8）

外径3 mm、5 mm、10 mm、先端の視野角度0度、30度のものがおもに使用されている。小さな切開創で手術を行う際は外径が小さいものがよいという考えもあるが、外径が大きくなるほど映像が明るくなり、より精細な画像が得られるため、筆者は5 mmまたは10 mm径のものを用いることが多い。視野角度は、30度が一般的である（図5-8）。

0度のテレスコープはテレスコープの先端が向かう方向で正面から対象物を見ることができるため、初心者には使いやすい。一方、30度のテレスコープは、対象臓器に対して斜角から対象物を観察できるため、先端を回転させることでさまざまな角度から臓器を見ることができる。より難易度の高い手術では、狭い手術領域で適切な画像を得る必要があるため、腹腔鏡手術の中では比較的易しい避妊手術のレベルから30度のテレスコープの扱い方に慣れておくほうがよい。

光源装置（図5-9）

ハロゲン、キセノン、LEDの光源装置がある。ハロゲンは暗く、現在はより明るいキセノンが使われている。近年、寿命の長いLEDを用いることで明るさと経済性が両立されるようになった。最近はLEDタイプのものを使うことが多い。術中に外回りのスタッフが光量を調節できるように、使用法を伝えておく。

気腹装置（図5-10）

腹腔鏡手術を行うには、腹腔臓器とトロッカーを含めた操作機器との間にスペースを確保する必要がある。そのためには腹腔内にガスを送気して空間をつくりだす必要がある。腹腔内で常に安全、円滑な手術操作を維持するために、腹腔内圧をモニターしながら、自動的に二酸化炭素ガスを送気するのが気腹装置である。二酸化炭素ガスは、あらかじめ設定しているガス流量と気腹速度で自動的に送気され、事前に設定している腹腔内圧に維持される。腹腔内圧は8〜12 mmHgに設定する（多くの場合、良好な視野を得るためには8〜10 mmHgの腹腔内圧で十分である）。

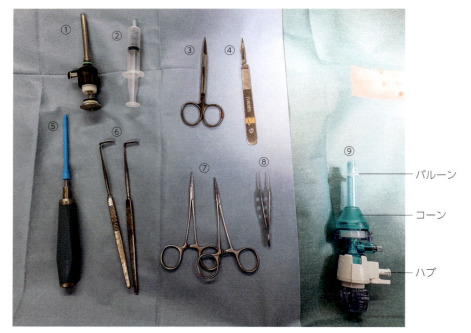

図5-12 手術器具
① 5 mmトロッカー、② 5 mLシリンジ、③アリス剪刀、④ No.11 メス、⑤ 3 mmトロッカーと内套、⑥整形外科用リトラクター、⑦マイクロモスキート鉗子、⑧眼科用鑷子、⑨バルーントロッカー 5 mm

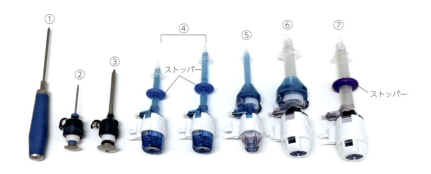

図5-13 トロッカー
① 3 mmトロッカーの内套、② 2 mmトロッカー、③ 5 mmトロッカー、④ 5 mmバルーントロッカー、⑤ 5 mmコーン付きトロッカー（カメラポート用）、⑥ 10 mmコーン付きトロッカー（カメラポート用）、⑦ 12 mmバルーントロッカー

記録装置（前ページ図5-11）

内視鏡手術の際に、手術動画を保存することで、後から手術の振り返りをすることができる。これは内視鏡外科の最大のメリットといってもよい。実施した手術を復習することで、次の手術に活かすことができる。記録装置は次のようなものが望ましい。

・長時間記録できる
・手術画像の画質を落とさずに記録できる
・スタッフが使いやすい
・容易に編集ができる（記録ビデオを後にPCのソフトで編集できる）

トロッカーと周辺器具

トロッカー（カメラポートのトロッカーはバルーントロッカーが望ましい）、No.11メス、アリス剪刀、マイクロモスキート鉗子、眼科用鑷子、子宮吊り出し鉤などが必要である（図5-12）。

トロッカーはテレスコープや鉗子を体腔内に挿入するためのもので、直径2 mm、3 mm、5 mm、12 mmなどがある（図5-13）。トロッカーには気腹チューブ

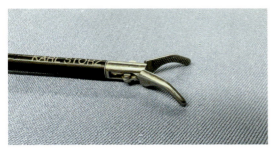

図5-14 ケリー鉗子の先端（KARL STORZ Endoscopy Japan）
組織の把持、剥離に用いる。

図5-15 2 mm把持鉗子の先端
先端が無傷性になっており、デリケートな組織の把持に有用である。

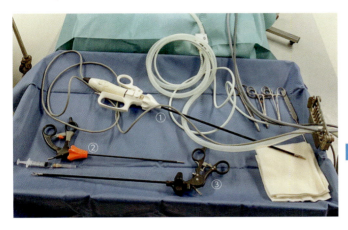

図5-16 腹腔鏡下避妊手術に必要な器具
①超音波手術システム SonoSurg（オリンパス）、② 3 mm把持鉗子（Aesculap®）、③ラチェット付き 5 mmケリー鉗子（KARL STORZ Endoscopy Japan）。

を接続するハブがついている。小動物ではバルーントロッカーが用いやすい。

筆者は、カメラポートにはバルーントロッカーを用いている。バルーントロッカーは先端付近のバルーンとコーン（可動ストッパー）で腹壁を確実に固定でき、テレスコープの出し入れの際にトロッカーが引き抜けるのを防止できるためである。恥骨前縁のポートには、トロッカーの外套が金属製でネジ構造がないものを用いている。卵巣・子宮を体外へ引き抜く際、メスで皮膚に追加の切開を行うが、このとき、メスをトロッカーの外套に押し当てるようにして皮膚を切開することで、ほかの組織を障害することなく切開を広げられるためである。

鉗子（図5-14～5-16）

腹腔鏡専用の鉗子を使用する。避妊手術には、バブコック鉗子などの無傷鉗子、ラチェット付きの把持鉗子などが必要である。通常は外径5 mm、長さ30 cmまたは33 cmの鉗子を用いるが、近年は2 mm、3 mm径のものや、長さ20 cmのものも販売されている。一般的に、小型犬や猫などでは径が細く長さの短い鉗子の方が手術をスムーズに行いやすいが、使用する鉗子のサイズは術者の好みで決定するとよい。

止血切開装置（エネルギーデバイス）

止血・切開を行うエネルギーデバイスとして、電気メス、超音波凝固切開装置などがあるが、当院では超音波凝固切開装置を好んで用いている（図5-16、図5-17）。

内視鏡タワー

光源装置、カメラシステム、気腹装置、超音波凝固切開装置などを1つの架台に搭載しておくと取り回しがよい（図5-18）。

手術台

腹腔鏡下避妊手術では、右側卵巣と左側卵巣の可視化を容易にするため、手術台の角度を手術中に調整する必要がある。そのため、手術台の天板は前後・左右への傾斜機能があるものを使用することが推奨される（図5-19）。

図5-17 超音波凝固切開装置の先端
アクティブブレード（⇨）が高速で振動し、摩擦の熱で血管を閉鎖しながら切開する。これにより、血管がシーリングされるため、縫合糸による結紮が不要になる。

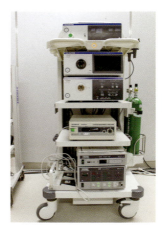

図5-18 内視鏡タワー
上から気腹装置、ビデオカメラ装置、光源装置、超音波凝固切開装置、バックアップのためのビデオカメラ装置、バックアップ用の気腹装置である。

図5-19 手術台を傾斜させた状態

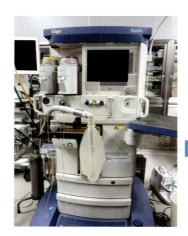

図5-20 麻酔器
さまざまな人工呼吸モードが使用できるものが望ましい。

人工呼吸器（ベンチレーター）

腹腔鏡手術を行う際は、ベンチレーターによる呼吸管理が推奨される。腹腔鏡下避妊手術では、気腹により腹腔内圧が上昇し横隔膜が頭側方向に変位するため、1回換気量が減少する。そのため気道内圧・換気量を管理できる麻酔器（図5-20）を準備することが望ましい。

セッティングの基本的な考え方

腹腔鏡手術では、モニターの位置や術者・助手（カメラ係）の立ち位置などを適切に配置しないと手術が行いにくくなるため、セッティングの原則を知っておく必要がある。

通常の開腹手術では術者が目で見る方向と、鉗子が操作される方向の軸が一致している。腹腔鏡手術では、カメラの視軸とモニターが一直線になると、開腹手術のときと近い視野が得られる。これをコアキシャル・セッティングという（図5-21）。

ところが、腹腔鏡のさまざまな術式により必ずしもコアキシャル・セッティングが行えない場合がある。図5-22-Aのように、カメラ係と術者が離れて施術する場合、モニターを術者の正面に設置しがちである。しかし、このようなセッティングにすると術者は対象臓器にまっすぐ鉗子を挿入しているにもかかわらず、モニターでは側面から鉗子を挿入しているように表示されてしまう。

この場合、図5-22-Bのようにモニターをカメラの軸と一直線上に設置すると、本来の手術操作に近い視野が得られる（パラアキシャル・セッティング）。すなわち、モニターの設置位置をカメラ軸と一致させることにより、術者がストレスなく手術を行うことができる。この原則を知っておくと、手術室のセッティングが容易になるため、心得ておきたい。

無菌操作

腹腔鏡手術では30 cm前後の長い器具を用いる。こ

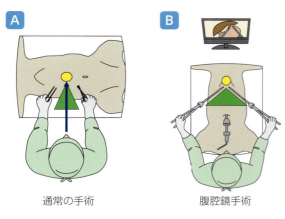

図5-21 コアキシャル・セッティング

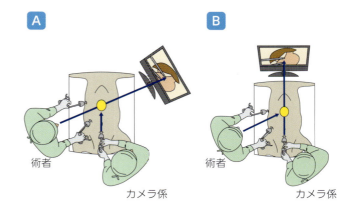

図5-22 パラアキシャル・セッティング

Aでは、術者はまっすぐに鉗子を入れている（つもり）だが、モニター上では鉗子が横から入っているように見える。Bでは、鉗子を横から入れており、術者のイメージとモニターの映像が一致していることがわかる。

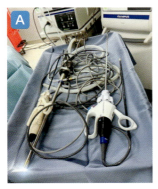

手術に用いる器具が多い場合、多くのコード類を整理しなければならない。

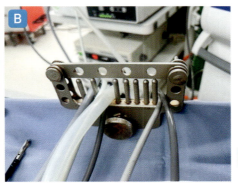

写真のようなコードホルダーを用いると、取り扱いが容易になる。

図5-23 ケーブル、コード類落下防止の工夫

れらの長い器具は操作の際、無菌野から外れ汚染される可能性があるため、器具の取り回しに注意するようスタッフに周知しておく。また、電気メスなどのケーブルや、コード類の落下を防ぐ工夫が必要である（図5-23）。

術前の準備

術前検査

術前検査として身体検査、血液検査、尿検査、胸部X線検査、腹部超音波検査、血液凝固検査を年齢、既往歴に応じて実施するべきである。

前処置および麻酔薬の準備

前処置や麻酔薬の準備は一般外科手術と同様に行う。当院では以下のように行っている。

麻酔前投薬

- ミダゾラム 犬・猫 0.2 mg/kg、静脈内投与
- ブトルファノール 犬・猫 0.2 mg/kg、静脈内投与

麻酔導入薬

- アルファキサロン 犬 2.5 mg/kg、猫 5.0 mg/kgを効果が出るまで緩徐に静脈内投与
- ファモチジン 犬・猫 0.5〜1 mg/kg、静脈内投与
- メロキシカム 犬 0.2 mg/kg、猫 0.3mg/kg、皮下投与

麻酔維持

- セボフルランで最小肺胞内濃度（MAC）3.0〜3.5で維持

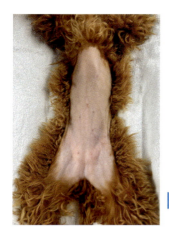

図5-24 毛刈りの範囲

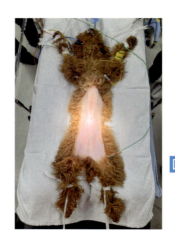

図5-25 手術台への保定
左右に台を傾けたとき動物が落下しないように四肢に保定紐をかける。

手術器具の準備

トロッカーの選択

小型犬や猫では5 mmのテレスコープとトロッカーを用いる。

大型犬ではカメラポートに10 mmのテレスコープを使用することが多いため、10 mmのバルーントロッカーを使用する。10 mmのテレスコープは体腔の深い大型犬の腹腔内を十分な光量で可視化することができ、画質も5 mmに比べ向上するため必要に応じて用いるとよい。

縫合糸

3-0、4-0のモノフィラメント吸収糸（Monosyn）を用いている。

毛刈り

毛刈りの範囲は剣状突起よりも数cm頭側から恥骨までとする（図5-24）。

手術台での動物の保定、消毒

麻酔をかけ、剃毛した動物を手術台の上に保定する。あらかじめ膀胱内の尿を抜いておく。腹腔鏡下避妊手術では、術中に手術台を左右に傾斜させることが多いため、台から動物が落下しないように保定紐により四肢を固定する（図5-25）。大型犬ではとくに注意する。

周術期管理

麻酔時に注意してモニタリングする項目

呼気終末二酸化炭素分圧（EtCO$_2$）

腹腔鏡手術では、気腹により確保した空間にテレスコープを挿入することで腹腔内を可視化することができる。一方で気腹により横隔膜の伸展が起こると、肺の拡張が阻害され低換気が引き起こされる場合がある。そのためEtCO$_2$をモニターし、調節呼吸の換気量・換気圧を増加させるか、気腹圧を減少させて良好な換気状態を維持しなければならない。

手術中にEtCO$_2$が持続的に50 mmHg以上を示す場合は、気腹圧を6 mmHg程度まで下げるか、調節呼吸の換気圧を上昇させてEtCO$_2$が適切に維持されるように努める。

表5-1 体重による気腹流量 （文献14より引用、改変）

気腹に用いる二酸化炭素ガス流量は、動物の体重により決定する。

二酸化炭素ガス流量	体重2.5 kg未満	<0.5 L/分/kg
	体重2.5〜14 kg	0.5〜1 L/分/kg
	体重15 kg以上	1 L/分/kg
気腹圧	8 mmHg（8〜12 mmHg）	

気腹圧と気腹流量の調節

　気腹圧は8〜12 mmHgを基準とするが、可能であれば8 mmHgで手術を実施する。筆者はトロッカーを挿入する際、やや高めの気腹圧であるほうが安全であると判断した場合、一時的に気腹圧を10〜12 mmHgに上げることがあるが、トロッカー挿入後は8 mmHgに戻して手術を継続している。基本的に気腹圧は8 mmHg以上に上げない。小動物では高い気腹圧により換気状態が容易に悪化するためである。また、高い気腹圧は腹腔内臓器の循環抑制や肺の拡張が阻害されることによる呼吸抑制を引き起こす危険性もある。

　気腹流量は動物の体重により決定する（表5-1）。気腹流量の設定が低いと、一定の気腹圧に到達するまでに時間がかかる場合がある（とくに大型犬）。また、気腹流量が高いと腹腔内が乾燥し、術後癒着を原因になることがあるほか、二酸化炭素ガスのロスにつながる。

呼気終末陽圧 （Positive end expiratory pressure： PEEP)

　肺のコンプライアンスが低下している動物や高齢の動物では、低換気を防ぐためにPEEPを用いることがある。筆者はPEEPを用いる場合、3〜5 cmH$_2$Oに設定している。PEEPにより低圧の酸素を持続的に供給することで、動物の換気不良を防ぐことができる。

犬と猫の腹腔鏡下卵巣子宮摘出術・卵巣摘出術

犬の腹腔鏡下卵巣子宮摘出術（3ポート法）：トロッカーの設置

筆者は卵巣子宮摘出術を行っているため、こちらを詳しく解説する。

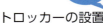

トロッカーの設置
https://e-lephant.tv/ad/2003794

トロッカーの設置位置

以下、トロッカーの挿入（ハッサン法）について記載する。トロッカーは腹部正中3カ所に設置する（図5-26）。

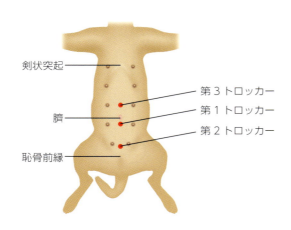

図5-26 トロッカーの設置位置

第1トロッカーの設置

トロッカー挿入孔の作製

第1トロッカーはテレスコープを挿入するカメラポートとなる。臍直下から約1 cm尾側（動物の体格、体重などにより異なる）の皮膚にトロッカーを押し当て、皮膚についたトロッカーの跡を目安にメスで切開する（図5-27-①）。

アリス剪刀で正中の脂肪を剥離していく（図5-27-②）。

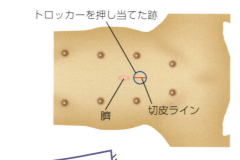

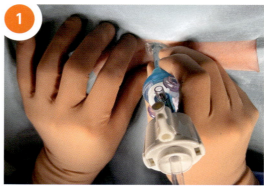

トロッカー先端を皮膚に押しつけ、切開孔の目安をつける。

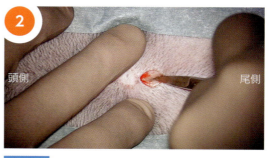

図5-27 トロッカー挿入孔の作製

（次ページにつづく）

Tips

トロッカー孔をできるだけ小さく作製することにより、トロッカーが外れてしまうことを防げる。

腹膜まで脂肪を剥離したら、眼科用鑷子で腹膜の正中を把持する（図5-27-③）。

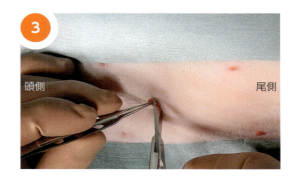

眼科用鑷子の把持部の左右にマイクロモスキート鉗子をかけて、白線の両側の筋膜を左右に牽引する（図5-27-④）。

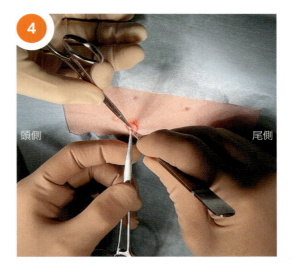

No. 11メスを使用し、腹膜の正中（白線上）を切開する（図5-27-⑤）。

図5-27 トロッカー挿入孔の作製（つづき）

作製した孔から腹腔内をのぞくと、腹膜の下に脾臓が確認できる。この段階では、鎌状間膜の脂肪などにより腹腔内が確認できないこともあるが、その場合はメッツェンバウム剪刀などの先端が鈍な器具を腹腔内に挿入し、脂肪層を剥離して腹腔内を確認する。臓器を損傷しないように気をつけながら、作製した孔に整形外科用のリトラクターを挿入する（図5-27-⑥）。

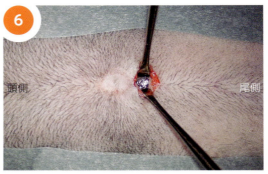

図5-27　トロッカー挿入孔の作製（つづき）

トロッカーの設置と気腹

バルーントロッカーを挿入する際、整形外科用の幅の狭いリトラクターで腹壁を持ち上げながら挿入することにより、腹腔内臓器の損傷を避けることができる（図5-28-①）

バルーントロッカーを挿入している（図5-28-②）。

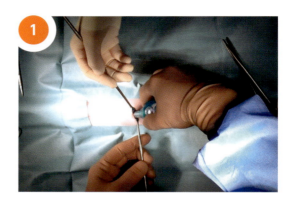

Tips

小型の動物では腹腔内のスペースが狭く、トロッカーの先端から対象臓器までの距離が短いため、カメラポートにはバルーントロッカーを用いるほうが有利である。バルーンなしのトロッカーは、先端を十分に挿入しないと、操作中に抜けるおそれがあり、対象臓器までの距離が取りにくいことがある。これはとくに小型の動物において問題となる。

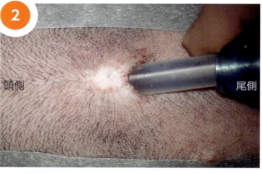

図5-28　トロッカーの設置と気腹
（次ページにつづく）

バルーントロッカー先端の挿入が終わったところ（図5-28-③）。

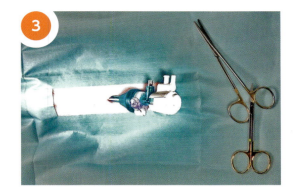

バルーンを拡張したあと、トロッカーを手前に引き、バルーンを腹壁に密着させた状態で、トロッカーに付属するコーンを腹壁方向へ下げ、腹壁を挟み込むようにしてトロッカーを固定する（図5-28-④）。

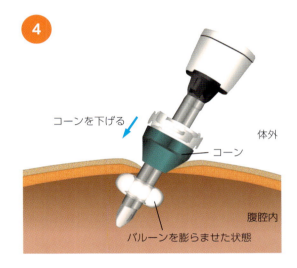

二酸化炭素ガス送気チューブをトロッカーのコックに取り付け、気腹装置から二酸化炭素ガスを送り込む（図5-28-⑤）。徐々に気腹されていることを内視鏡のモニター画面で確認する。また、気腹圧が8〜10 mmHgで安定し、人工呼吸器の状態も問題がないことを確認する。

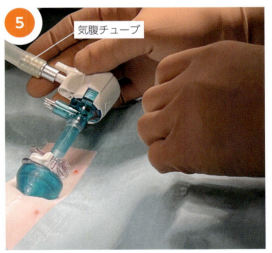

バルーントロッカーをコーンで固定し、気腹チューブを接続する。

図5-28 トロッカーの設置と気腹（つづき）

腹腔内の観察

第1トロッカーよりテレスコープを挿入し、腹腔内全体を観察する（図5-29）。この時点で、腹腔内臓器に損傷がないか、腹壁切開部からの出血がないかどうかなどをチェックする。過去の手術による癒着や、内臓臓器の異常なども同時に確認する。

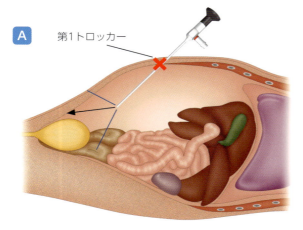

テレスコープ挿入位置

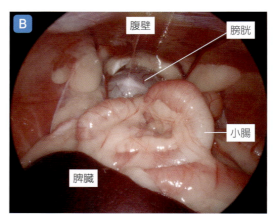

腹腔内の観察

図5-29 腹腔内の観察

第2トロッカー（尾側のトロッカー）の設置

第1トロッカーを設置して気腹を行うと、それ以降のトロッカーの設置はテレスコープで挿入状況を可視化しながら行うことができる。第2トロッカーは恥骨前縁よりやや頭側の位置に設置する。

トロッカーの外套を腹壁に押し当てて、腹腔内から観察する。トロッカーを圧迫すると腹壁が凹む場所を内視鏡像でチェックし、適切な穿刺位置を決定する。

メスで切開した創にマイクロモスキート鉗子を挿入して腹壁を広げることで（図5-30-①内○）、トロッカーをスムーズに挿入することができる。

トロッカーの先端を臓器のほうに向けないよう、内視鏡像で視認しながらトロッカーを挿入する（図5-30-②）。

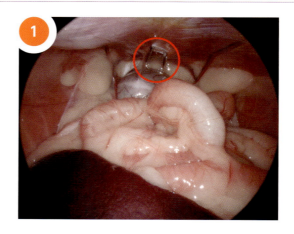

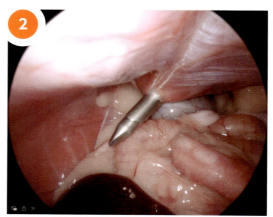

図5-30 第2トロッカーの設置

（次ページにつづく）

トロッカーの内套を抜いた状態（図5-30-③）。

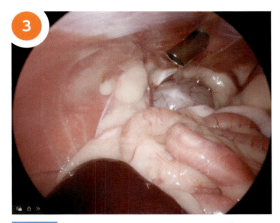

図5-30　第2トロッカーの設置（つづき）

第3トロッカー（頭側のトロッカー）の設置

第3トロッカーは2 mm径または3 mm径のものを用いる。超音波凝固切開装置などのエネルギーデバイスは、第2トロッカーから挿入して用いることが多いため、第3トロッカーは動物への侵襲を配慮し、2 mm径のものを用いるのもよい。第2トロッカーから挿入したテレスコープで腹腔内を観察しながら第3トロッカーを設置する（図5-31）。

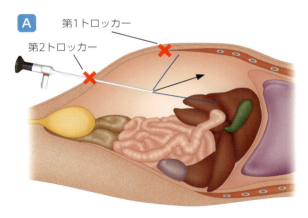

テレスコープ挿入位置

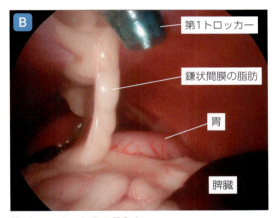

第2トロッカーからの見え方

図5-31　第3トロッカーの設置位置の確認

第3トロッカーは臍より数cm頭側の位置に設置する。第2トロッカーの挿入時と同様にカメラで腹腔内を観察しながらトロッカーを設置する。

第3トロッカーが適切に挿入されているかどうかを確認する（図5-32）。

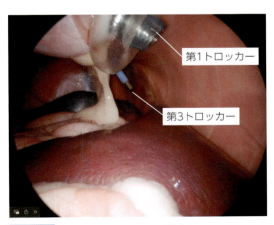

図5-32　第3トロッカーの設置

Tips

鎌状間膜の脂肪が多い場合、トロッカーを垂直に挿入すると、先端が脂肪内に埋まってしまうことがある。これを避けるためにトロッカーを挿入する際は、トロッカーの角度を傾斜させて挿入するとよい（文献15より引用、改変）。

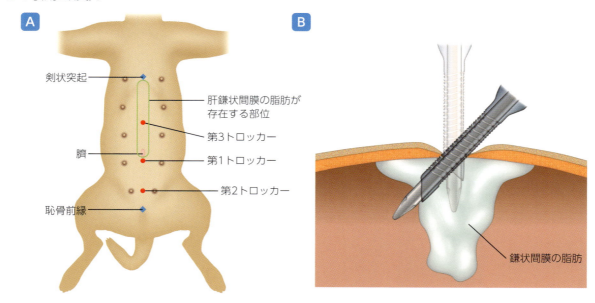

犬の腹腔鏡下卵巣子宮摘出術（3ポート法）：腹腔内での操作

体位変換と術者の移動

3本のトロッカーの設置が終了したら左側卵巣・子宮の処理を行うために、手術台を傾けて体位が約45度の右半側臥位になるよう手術台の角度を変更する。傾けることにより臓器の重さで脾臓、腸管などが移動し、卵巣が見えやすくなる。術者・助手（カメラ係）は共に動物の右側（目標臓器の反対側）に立つ（図5-33）。

腹腔内での操作
https://e-lephant.tv/ad/2003795

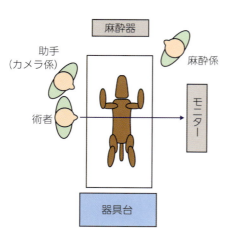

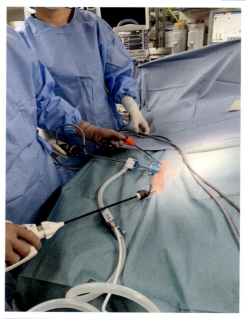

図5-33 体位変換と術者の移動

左側卵巣の確認

第1トロッカーよりテレスコープを挿入して対象臓器を確認し、第3トロッカーより把持鉗子（クローチェ鉗子、バブコック鉗子など）を挿入する。把持鉗子が臓器を損傷しないようにカメラで確認しながら卵巣付近まで挿入する。同様に第2トロッカーより超音波凝固切開装置を挿入する（図5-34）。

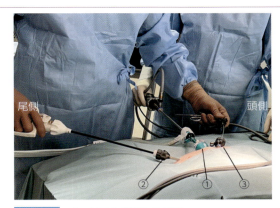

図5-34　カメラと鉗子の挿入
①：第1トロッカー、②：第2トロッカー、③：第3トロッカー

脾臓が大きく卵巣が確認できないときは、鉗子のシャフト部分などを用いて脾臓を圧排すると、卵巣を確認できる（図5-35）。

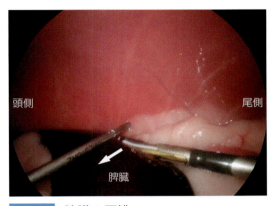

図5-35　脾臓の圧排
左側卵巣を探す際、脾臓が視野の妨げになることがある。鉗子や超音波凝固切開装置のシャフトなどを脾臓に水平に当て、ゆっくりと頭側へ圧排する（⇨）。この際、脾臓に対して器具の先端を鋭角的に向けないようにする。

左側卵巣動静脈および卵巣提索の凝固と切離

左側卵巣動静脈の処理

卵巣・子宮が確認できたら第3トロッカーより挿入した把持鉗子で固有卵巣索を把持・挙上する（図5-36-①）。

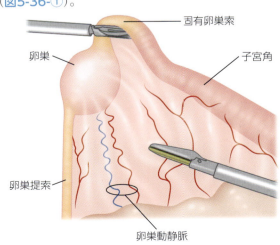

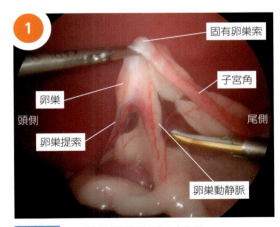

図5-36　左側卵巣動静脈の処理
（次ページにつづく）

超音波凝固切開装置で卵巣動静脈の切離を行うために、卵巣間膜の一部を破る必要がある（これは必須ではなく、どうしても切離のための孔が作製できない場合は、直接卵巣動静脈の手前から少しずつ卵巣間膜を凝固切開していく方法もある）。
　卵巣間膜のうち、血管走行が少ない場所を確認し、小孔を開ける位置を決定する（図5-36-②）。

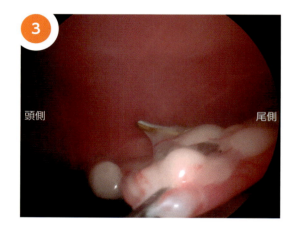

　小孔を開ける位置の間膜の上に超音波凝固切開装置の先端を押し当て、左手で把持・挙上した固有卵巣索を尾側手前に牽引することで、卵巣間膜の反対側に超音波凝固切開装置の先端を出すことができる（図5-36-③）。

　この状態で超音波凝固切開装置の先端を卵巣間膜に押し当てながら愛護的に開閉することで、卵巣間膜に小孔を作製できる（図5-36-④）。

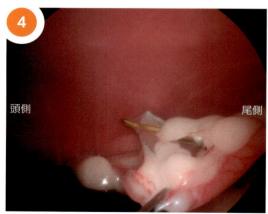

図5-36 左側卵巣動静脈の処理（つづき）
（次ページにつづく）

左手で把持している鉗子の位置を元に戻すと、卵巣動静脈の尾側に小孔が作製されていることがわかる（図5-36-⑤）。

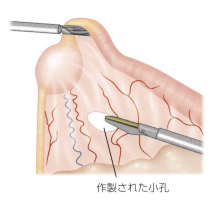
作製された小孔

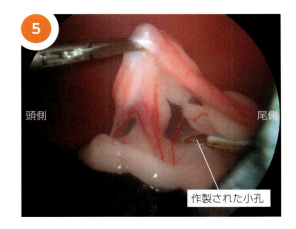
頭側　尾側
作製された小孔

この小孔へ超音波凝固切開装置の先端を開いて挿入する（図5-36-⑥）。

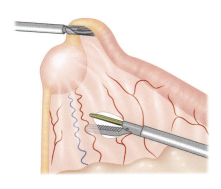

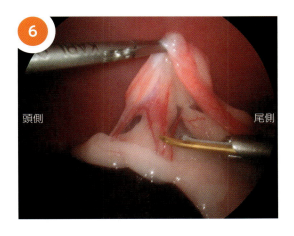
頭側　尾側

超音波凝固切開装置を用い卵巣動静脈を切離する（図5-36-⑦）。切離する際は、超音波凝固切開装置の先端を閉じて、出力する。また、ブレード（金色の部分）は高速振動すると熱をもつため、原則的に、腹腔内で出力する際はブレードを手前にする。出力する前に、周りの組織を巻き込んでいないかどうかを確認する。

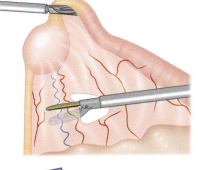

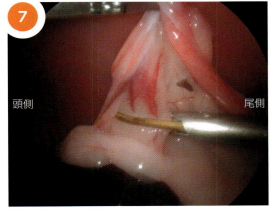
頭側　尾側

図5-36　左側卵巣動静脈の処理（つづき）

Tips

超音波出力の際は、左手で把持した卵巣固有索の牽引を少し緩めておくとよい。張力がかかった状態で出力すると、血管がシーリングされる前に切断されてしまい、出血の原因になる。

卵巣間膜に小孔を作製することが難しい場合

卵巣動静脈を超音波凝固切開装置で切離する際、間膜周囲の脂肪組織が多い場合は、前述の方法では卵巣間膜に小孔を作製することが難しいことがある。その際は、卵巣動静脈を含む卵巣間膜を少量ずつ凝固切開していくと、最終的に孔が作製されるため、そこからは通常どおりの方法でこの領域を処置できる。

卵巣動静脈を含む卵巣間膜を少しずつ凝固切開していく（図5-37-①）。

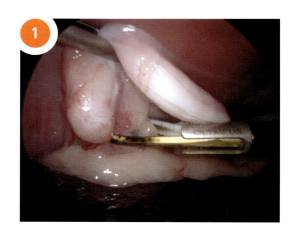

この写真では見えづらいが、卵巣間膜の一部に小孔がつくられている（図5-37-②）。

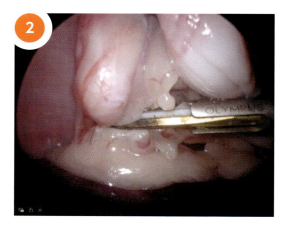

小孔から超音波凝固切開装置の先端を差し込み、その後は通常どおり卵巣動静脈を凝固切開する（図5-37-③）。

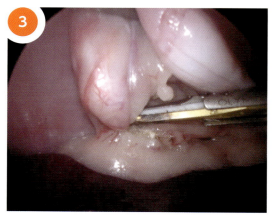

図5-37 間膜に小孔を作製することが難しい場合
図 5-36 とは別症例

卵巣提索の切離

超音波凝固切開装置で卵巣提索を切離する（図5-38）。

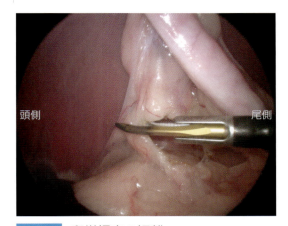

図5-38　卵巣提索の切離

左側子宮広間膜の処理

卵巣の処理が終了したら、卵巣を切離したラインから子宮体へ向かって子宮広間膜の切離を行う（図5-39）。子宮動静脈の近くまで切離することが理想である。脂肪組織の少ない部位で把持鉗子の先端を用いて鈍性に切離するか、超音波凝固切開装置を用いて凝固切開する。

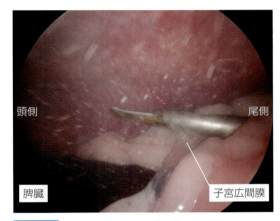

図5-39　左側子宮広間膜の処理

体位変換と術者の移動

右側卵巣・子宮の処理を行うために体位が約45度の左側半臥位になるよう手術台の角度を変更する。術者・助手（カメラ係）はともに動物の左側（目標臓器の反対側）に立つ（図5-40）。

第1トロッカーよりテレスコープを挿入し対象臓器を確認する。第3トロッカーより把持鉗子（クローチェ鉗子、バブコック鉗子など）を挿入する。把持鉗子が臓器を損傷しないようにカメラで確認しながら卵巣付近まで挿入する。第2トロッカーより超音波凝固切開装置を挿入する。

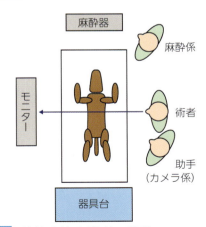

図5-40　体位変換と術者の移動

右側卵巣動静脈および卵巣提索の凝固と切離

　右側卵巣動静脈および子宮広間膜に対しても左側の卵巣、子宮広間膜の処理と同様の処置を行う。卵巣・子宮が確認できたら第3トロッカーより挿入した把持鉗子で固有卵巣索を把持・挙上する。卵巣間膜に小孔を作製する（図5-41-①）。

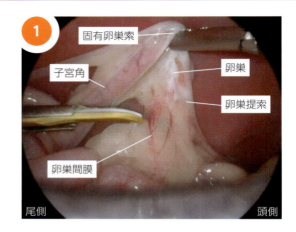

　小孔から超音波凝固切開装置の先端を挿入し、卵巣動静脈を凝固・切離する（図5-41-②）。

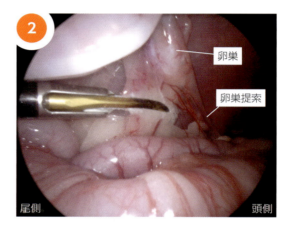

　つづいて超音波凝固切開装置で卵巣提索を凝固・切離する（図5-41-③）。

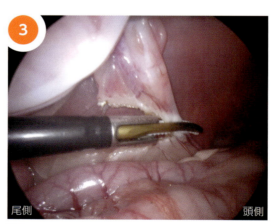

図5-41　右側卵巣動静脈および卵巣提索の凝固と切離

右側子宮広間膜の処理

右手の把持鉗子で把持した固有卵巣索を手前に牽引し、超音波凝固切開装置の先端で鈍性に子宮広間膜を裂くようにすると、子宮広間膜をスムーズに切離することができる（図5-42-①）。

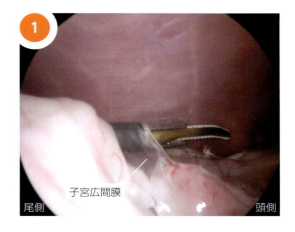

超音波凝固切開装置のシャフト部分（矢印）で子宮広間膜が裂かれている（図5-42-②）。

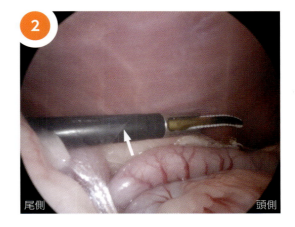

子宮広間膜の処理が終了したら、第2トロッカーに挿入していた超音波凝固切開装置を取り出す。第2トロッカーから把持鉗子を挿入して固有卵巣索を把持し、ラチェット（ロック機構）をかけておく（図5-42-③）。

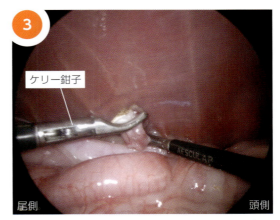

切断した卵巣固有索をラチェット付きの把持鉗子（ここではケリー鉗子を用いている）で把持する。

図5-42 右側子宮広間膜の処理

犬の腹腔鏡下卵巣子宮摘出術（3ポート法）：体外での操作

卵巣、子宮の体外への取り出し

摘出する左右の卵巣周囲の間膜および子宮間膜の処理（間膜は子宮角から子宮体付近まで切離）が終了したら、第2トロッカー（尾側トロッカー）より切開創を広げて体外に卵巣、子宮を取り出す。

卵巣の大きさや周囲の脂肪組織の量を考慮し、取り出すのに必要な切開創の大きさを決定し、メスで皮膚を切開する（図5-43-①）。

体外での操作
https://e-lephant.tv/ad/2003796

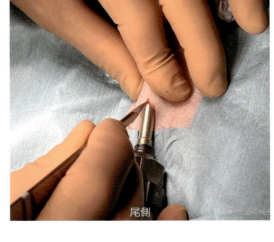

Tips

小さな孔から無理矢理これらの臓器を摘出しようとすると、組織の断裂や予期しない出血を引き起こすことがある。初心者の場合は大きめに孔を設置したほうがよい。金属トロッカーの外套越しに皮膚に切開を加えるとほかの組織を傷害することなく安全に孔を広げることができる。

メッツェンバウム剪刀を用いてトロッカー孔を広げる（図5-43-②）。

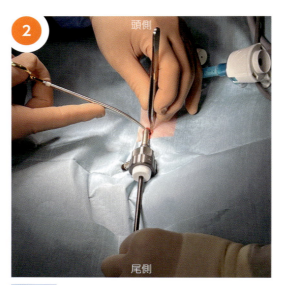

図5-43 卵巣、子宮の体外への取り出し
（次ページにつづく）

十分な大きさの孔を作製した後、トロッカーごと把持鉗子を抜去し卵巣・子宮を引き出す（図5-43-③）。ここで容易に引き出せないようであれば、無理に牽引せず、トロッカー孔の大きさをさらに広げるとよい。

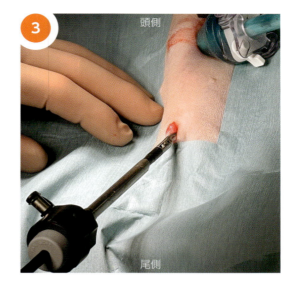

　トロッカー孔から、鉗子で把持してある右側卵巣と右側子宮を体外へ取り出す。右側卵巣と右側子宮を取り出した後に用手で左側子宮角を把持し、残りの左側子宮角、左側卵巣、子宮体まで体外に引き出す（図5-43-④）。すべてのトロッカーから鉗子や器具をすべて取り出したことを確認して気腹を解除する。

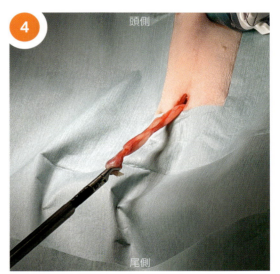

図5-43　卵巣、子宮の体外への取り出し（つづき）

子宮広間膜の処理

子宮頸の両側を走行する子宮動静脈を損傷しないように注意しながら、残存した卵巣間膜の一部を用手もしくは超音波凝固切開装置にて切断する（図5-44-①）。

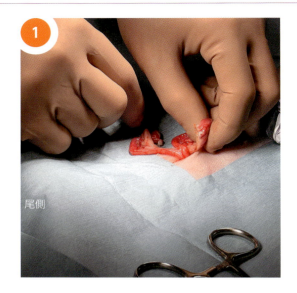

子宮頸を結紮できるように、子宮広間膜を超音波凝固切開装置で切離する（図5-44-②）。

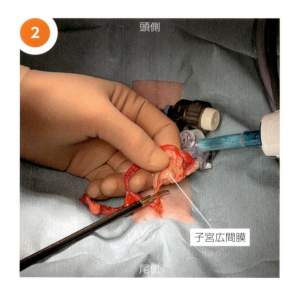

子宮広間膜の処理が終わったところ（図5-44-③）。

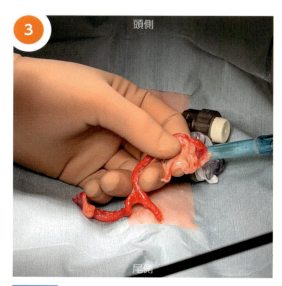

図5-44 子宮広間膜の処理（次ページにつづく）

左右の卵巣と子宮体を引き出したところ（図5-44-④）。

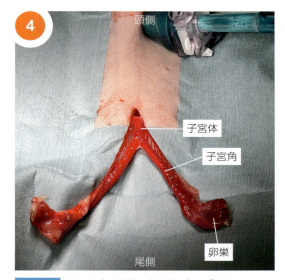

図5-44 子宮広間膜の処理（つづき）

子宮頸の結紮と離断

助手に子宮体を牽引させ、子宮頸を定法どおり結紮する（図5-45-①）。

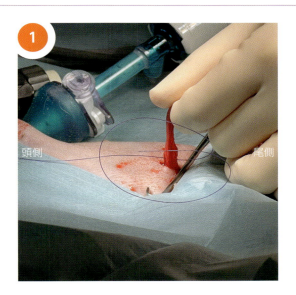

子宮頸を結紮したところ（図5-45-②）。

図5-45 子宮頸の結紮と離断（次ページにつづく）

101

子宮頸を離断する前に、結紮部位より体腔側の子宮頸に局所麻酔剤（ブピバカイン）を注射する（図5-45-③）。ブピバカインは総量を2 mg/kg以下とし、トロッカー設置部の皮膚にも用いるため総量を考慮しながら投与する。

　結紮部位から1 cm程度離れた部位をドベーキー鉗子で鉗圧する（図5-45-④）。

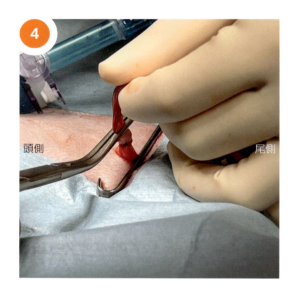

　子宮頸を切断し（図5-45-⑤）、卵巣・子宮の摘出を完了する。断端は、出血の有無を確認して再び腹腔内へ戻す。

図5-45　子宮頸の結紮と離断（つづき）

腹腔内の止血確認

卵巣子宮の摘出が終了した後、腹腔内の出血の有無を確認する。第2トロッカー（尾側ポート）孔から再びトロッカーを挿入し再度気腹装置にて送気を行う。気腹が完了したら第1トロッカーよりテレスコープを挿入し、腹腔内の出血の有無などを観察する（とくに切離を行った左右の卵巣付近、子宮頸をよく観察する）（図5-46）。

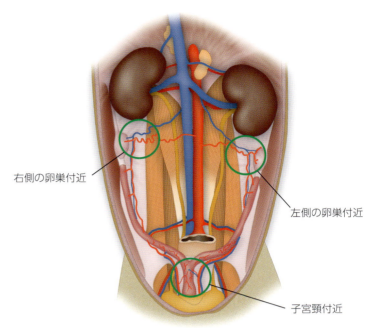

図5-46 出血の有無を確認する際に見るポイント（○）

左側卵巣動静脈を処置した部位（脾臓と膀胱の間）の出血の有無を確認する（図5-47-①）。

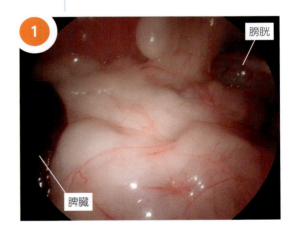

右側卵巣動静脈を処置した部位の出血の有無を確認する（図5-47-②）。

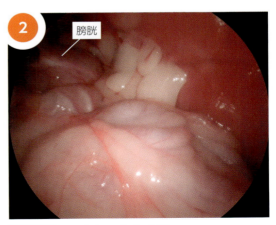

図5-47 腹腔内の止血確認（次ページにつづく）

子宮頸付近の出血の有無を確認する（図5-47-③）。
腹腔内の観察が終了したら気腹を解除して第2トロッカーを抜去する。

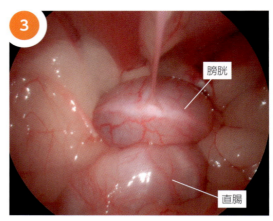

図5-47　腹腔内の止血確認（つづき）

腹壁の縫合（第2トロッカー孔の閉鎖）

腹膜－筋層の縫合を行う。トロッカー孔の筋膜は、腹膜を含めて1〜3糸縫合する。腹壁を縫合する際、中央に1糸縫合した後、その糸を助手に引き上げさせて、腹壁を持ち上げた状態で追加の縫合をすると腹壁の閉鎖が容易になる（図5-48）。

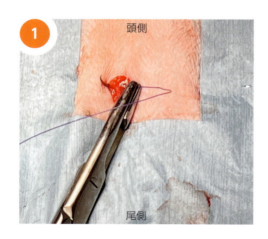

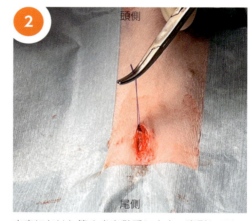

中央にかけた第1糸を助手に上方へ牽引してもらい、残りの縫合を行う。

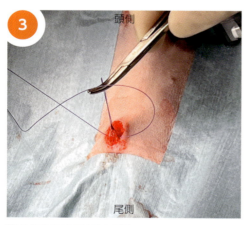

第2糸をかけているところ。

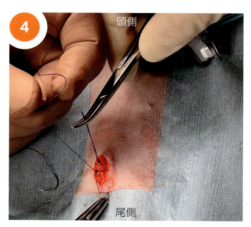

第2糸を結紮しているところ。

図5-48　第2トロッカー孔の閉鎖

（次ページにつづく）

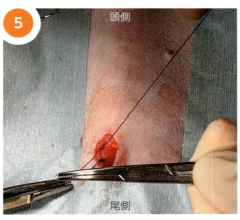
第3糸をかけているところ。

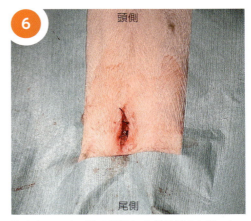
第2トロッカー孔の腹壁に3針の縫合を行った。皮下縫合と皮膚縫合はほかの孔の閉鎖時にまとめて行う。

図5-48　第2トロッカー孔の閉鎖（つづき）

第3、第1トロッカーの抜去

カメラポート（第1トロッカー）から再びテレスコープを挿入する（図5-49-①）。膀胱や腹壁縫合部を確認し問題がなければこの時点で頭側の第3トロッカーは抜去してもよい。まれに腹腔内の脂肪が第2トロッカー孔の縫合時に縫い込まれることがある。その際は、テレスコープで確認しながら第3トロッカーから鉗子を挿入し、縫い込まれた脂肪を外すとよい。

第1トロッカー（バルーントロッカー）のバルーンの空気を抜き、バルーントロッカーを抜去する（図5-49-②、図5-49-③）。

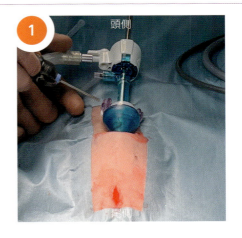

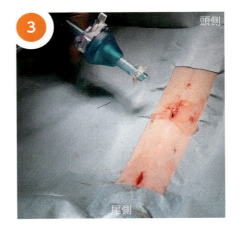

図5-49　トロッカーの抜去

残りのトロッカー孔の閉鎖

腹壁と皮下組織の縫合を行う。その後、皮膚を定法どおり1～2針縫合する（図5-50-①）。

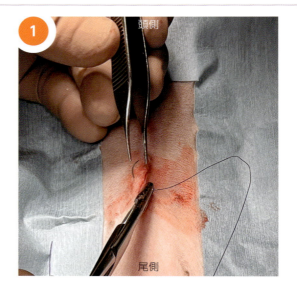

第3トロッカーに2 mmのトロッカーを用いた場合は、縫合しなくてもよい場合が多い。本症例では第3トロッカー孔の縫合は行っていない（図5-50-②）。しかし、手術中にトロッカーを乱雑に操作すると、トロッカー孔が広がり縫合が必要になる場合があるため、注意が必要である。

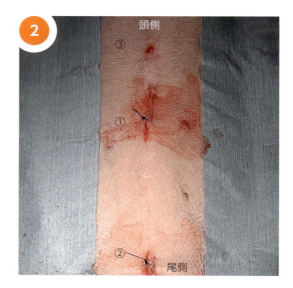

切開部の皮下にマーカインを注入し、手術終了とする（図5-50-③）。

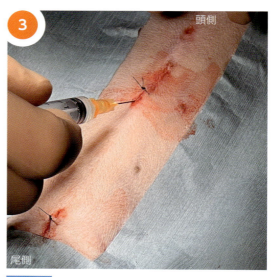

図5-50 残りのトロッカー孔の閉鎖
（次ページにつづく）

手術終了時の外観（図5-50-④）。抜糸は術後7〜10日で行う。

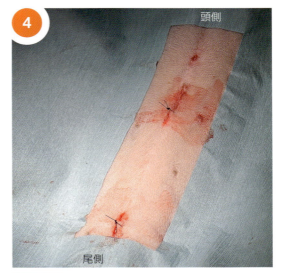

図5-50 残りのトロッカー孔の閉鎖（つづき）

3カ所縫合した場合の手術後の全体像（図5-51）。

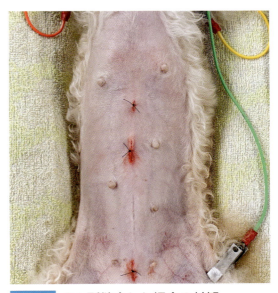

図5-51 3カ所縫合した場合の外観

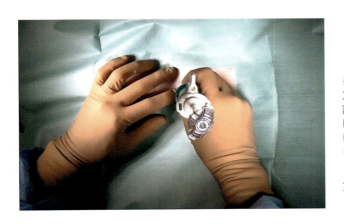

※動画では子宮摘出後すぐに第2トロッカー孔を閉鎖しており、誌面と一部流れが異なる。実際はどちらの方法でもよく、施設により行いやすい方法を選択するとよい。

犬の腹腔鏡下避妊手術動画（通し）
https://e-lephant.tv/ad/2003792

犬の腹腔鏡下卵巣摘出術（3ポート法）

　卵巣摘出術の場合、左右の卵巣を個々に処理しなければならない煩雑さがあるため、筆者は卵巣子宮摘出術を行っている。卵巣摘出術については実施経験が少ないため、詳細は成書を確認されたい[7,12,16,17]。

トロッカーの設置位置

　トロッカーは3カ所に設置する（図5-52）。具体的には、第1トロッカーは臍直下、第2トロッカーは恥骨前縁よりやや頭側、第3トロッカーは臍の頭側数cmの位置に設置する。

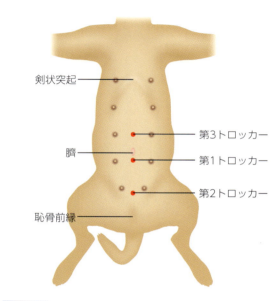

図5-52　トロッカーの設置位置

卵巣動静脈と卵巣提索の処理

　卵巣動静脈と卵巣提索の処理までは卵巣子宮摘出術と同様である。頭側のトロッカーから挿入した把持鉗子にて固有卵巣索を把持し、シーリングデバイスを用いて卵巣頭側の卵巣提索と卵巣動静脈を切断する（図5-53）。

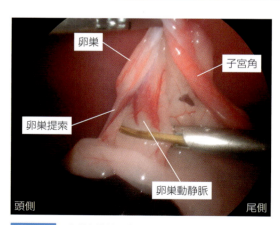

図5-53　卵巣動静脈と卵巣提索の処理

固有卵巣索の処理

　子宮広間膜を切断し、最後に固有卵巣索を切断することで、子宮角から卵巣を離断する（図5-54）。

　これを左右の卵巣に対して行った後、最後に2つの卵巣をトロッカーから挿入した鉗子を用い、腹腔外に取り出す。この際、回収袋（手術用グローブの指先部分で作製することもできる）に入れてから摘出することで、卵巣組織の腹腔内落下を防ぐことができる。

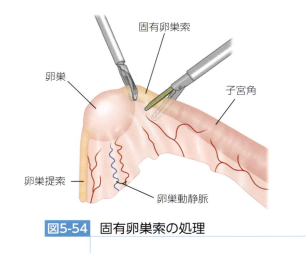

図5-54　固有卵巣索の処理

腹腔内の止血確認と閉腹

　卵巣の摘出が終了した後、腹腔内の出血の有無を確認する。腹壁と皮下組織の縫合を行う。その後、皮膚を定法どおり1～2針縫合して手術を終了する。

猫の腹腔鏡下卵巣子宮摘出術

　猫の腹腔鏡下避妊手術に必要な解剖学、内視鏡外科の技術のほとんどは犬と同じである。手術動画にて詳細を説明したい（図5-55）。猫は自ら縫合糸を抜いてしまうことがあるため、皮膚の縫合はサージカルワイヤーを用いる。

図5-55　猫の腹腔鏡下卵巣子宮摘出術

https://e-lephant.tv/ad/2003797

| Column 1 | 腹腔鏡下卵巣子宮摘出術（2ポート法）|

　2ポート法は、3ポート法と同様に臍直下にカメラポート（第1トロッカー）を作製し、尾側に第2トロッカーを設置する（図C1-1）。3ポート法の頭側ポートの代わりに、専用のフック（図C1-2）を体壁から挿入し固有卵巣索を牽引することで3ポート法と同様の手術を行うものである。

　腹壁に固有卵巣索を近接させ、腹壁外から挿入したフックの先端に引っかけ、血管処理などを行う（図C1-3）。フックが鉗子の役割を果たし、術者はエネルギーデバイスを用い手術操作が可能になる。フックの代わりに大きめの針と糸を用いる方法も報告されている（図C1-4）。2ポート法はポート数を減らす目的で考案された。しかし、現在は3ポート法においても頭側のトロッカーを2 mmのものにし、2 mm把持鉗子を用いることで腹壁や皮膚の縫合が不要になり同様の侵襲性で手術が行えるため2ポート法で行うメリットは少ないと考えられる。そのため、筆者は2ポート法による手術を行っていない。

　フックを用いた2ポート法の問題点としては、フックを体壁から挿入する際の孔から二酸化炭素ガスのリークが起こる可能性があること、片手操作の手術になるため腹腔鏡基本操作である左右の手の協調性を学ぶ機会が失われることが挙げられる。

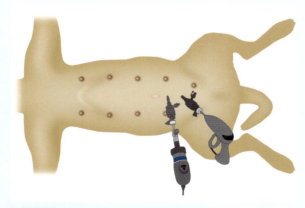

図C1-1 トロッカー設置位置
（文献16より引用、改変）
第1トロッカーを臍直下、第2トロッカーを恥骨前縁よりやや頭側に設置する。

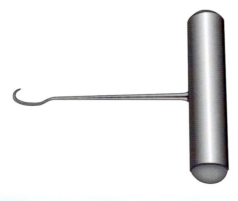

図C1-2 スペイフック （文献16より引用、改変）

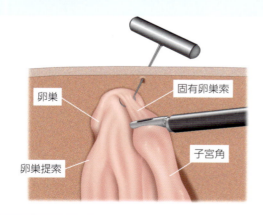

図C1-3 スペイフックを用いた卵巣の牽引

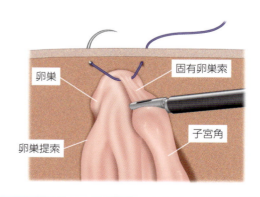

図C1-4 針付き縫合糸を用いた卵巣の牽引
（文献18より引用、改変）

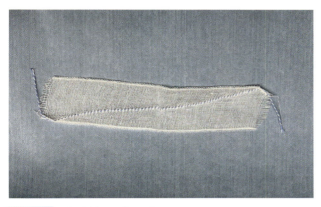

図5-56 腹腔鏡用ガーゼ
腹腔鏡専用のガーゼ。5 mmトロッカーから挿入可能で、出血時の圧迫止血などに用いる。レントゲン造影糸が入っており、体内にガーゼを残す事故の防止に役立つ。

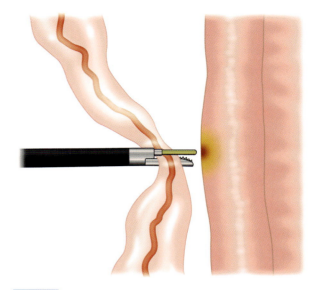

図5-57 キャビテーションによる血管・臓器の損傷
（文献14より引用、改変）
キャビテーションはアクティブブレードの先端で発生しやすく、アクティブブレードの先端が血管や腸管に接していると、出血や腸管穿孔につながるため、出力時には注意が必要である。

術後管理

　基本的な鎮痛薬、術創ケア、運動制限が必要である。腹腔鏡手術は術後疼痛が少ないと考えられるが、適切な疼痛管理が必要である。通常はエリザベスカラーや術後服の装着は必要ない。必要に応じて鎮痛薬を2～3日使用し、術後出血、排尿障害の有無を確認する。術後の抗菌薬は必要ない。

　入院は必要なく、麻酔覚醒後に2～3時間の経過観察時間をおいた後は退院可能である。7～10日後に抜糸を行う。

　飼い主には、当日の運動制限と安静を指示する。帰宅後は食事を与えることができる。翌日からは散歩などの運動も可能である。

合併症とその対応

腹腔内出血

　腹腔鏡手術の合併症で、最も問題となるのが出血である。内視鏡外科では出血により視野が悪くなると手術の続行が難しくなるため、小さな出血でも丁寧に止血しなければならない。多くの場合、出血はガーゼ（腹腔鏡用ガーゼ：図5-56）などで10分程度圧迫することで止血可能なため、圧迫止血を最初に行う。電気メスなどで盲目的に止血を行うと、臓器損傷やさらなる出血を引き起こす可能性があるため注意する。

臓器損傷

　トロッカーを挿入する際、脾臓や肝臓などの実質臓器を損傷する危険性がある。腹腔内からテレスコープで目視しながらトロッカーの挿入を行うことを励行する。損傷の程度が軽度であれば、圧迫などで対処できるときもあるが、重度である場合は開腹手術への移行を考慮する。

エネルギーデバイスの取り扱い

　超音波凝固切開装置は先端でキャビテーション（超音波振動がアクティブブレードの先端から前方へ出力されること）が発生し、意図せず血管や臓器を損傷させてしまう場合がある（図5-57）。出力するとき、アクティブブレードの先端が血管や臓器の方向に向かないように注意する。

　また超音波凝固切開装置は、出力後10秒程度は先端の温度が上昇している。その状態で血管や臓器に触れると、熱損傷を起こす危険性がある。そのため次の動作に移る前に一呼吸おくようにする。

なお、電気メスの使用についても、多くの注意点がある。これらは他書に譲るが、それぞれのエネルギーデバイスの特性を知り、安全に手術を行うように留意する。

皮下気腫

気腹に用いる二酸化炭素ガスが皮下に漏れ、術後に皮下気腫を起こすことがある。おもな原因は、トロッカーに対してトロッカー孔が大きすぎることによる。軽度であれば二酸化炭素ガスは自然に体内に吸収されるため経過をみてもよいが、重度であれば穿刺吸引で皮下に貯留した二酸化炭素ガスを抜かなければならない。トロッカー孔が大きくなってしまった場合は、1～2針縫合して縫い縮めておくとよい。

卵巣遺残

卵巣組織を完全に摘出できない場合は、術後に発情が継続することがある。卵巣摘出のみを行い子宮体が残存している場合は子宮蓄膿症の発生リスクがある。そのため、卵巣組織を十分に視認して、確実に摘出する。腹腔外に卵巣組織を取り出す際、トロッカー孔が小さいと卵巣組織が分離し、体腔内に落下する可能性がある。卵巣の大きさを考慮し、余裕をもって摘出できるようトロッカー孔のサイズを広げるとよい。経験が浅い場合は、切開孔を大きめに広げておくほうが安全である。

卵巣動静脈からの出血

卵巣動静脈からの出血は、周囲組織の脆弱性や動物の年齢・肥満度によって起こりやすくなることがある。組織の過度な牽引や、盲目的なシーリングデバイスの使用により引き起こされることがほとんどである。卵巣提索に対して把持鉗子で強いカウンタートラクションをかけると、血管のシーリングが終了する前に組織が裂けて出血することがある。シーリングデバイスで卵巣動静脈を挟んだ後は、カウンタートラクションをやや緩めて切開凝固を行うとよい。

この部位で出血が起こった場合は、十分に出血箇所を確認した後にシーリングデバイスで止血する。出血部位が正しく確認できない状態での盲目的な止血操作は、さらなる損傷を引き起こすため決して行ってはな

らない。

出血量が多く、出血箇所が視認できない場合は、ガーゼなどで圧迫するか、吸引送水管を用いて貯留した血液を取り除く。これらの処置で止血できない場合は、躊躇せず速やかに開腹手術に移行する。

これらの合併症は、多くの場合、腹腔鏡手術の基本手技を理解し、事前に適切なトレーニングを行っていれば起こる可能性が低い。適切な指導者のもと、十分な準備を行って手術に臨みたい。

コンバートのタイミング

腹腔鏡手術を行う際、腹腔鏡下での手術の継続が困難と判断した場合は、躊躇せず速やかに開腹手術に移行する。筆者が開腹手術に移行する時の基準は、以下の通りである。

出血が多い

圧迫止血で出血が止まらない場合や、出血が多く出血箇所が目視できない場合。

1つの手技が次の展開へ進まない状態が30分以上続く

腹腔鏡手術を行っていて、剥離や組織展開の手技が順調に進まない状態が30分以上続く場合は、それ以上腹腔鏡下で手術を続行することが困難である場合が多い。

実質臓器の損傷

脾臓や肝臓などの実質臓器を大きく損傷した場合。

開腹下でしか修復できないトラブル

消化管や横隔膜を損傷するなど、開腹手術でしか修復できないと判断した場合。

麻酔維持が困難

気腹を調整しても適切な換気が維持できない場合や、血圧低下などで麻酔が維持できないと判断した場合、また、迅速に手術を進めなければならない場合。

これらの状態に遭遇したときは、開腹手術への移行を考慮する。腹腔鏡手術で完遂することにこだわり、

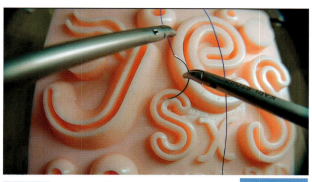

図5-58 ドライボックスでの結紮練習法
専用の縫合パッドを用い、縫合および結紮の練習を行う。

https://e-lephant.tv/ad/2003793

図5-59 折り鶴練習法
トレーニングボックス内で折り鶴を折ることは、非常に有効な練習法である。

https://e-lephant.tv/ad/2003798

安全性が損なわれるようであれば本末転倒である。安全性を最優先し、開腹手術に移行するタイミングを逃さないようにする。

腹腔鏡手術の練習法

腹腔鏡手術は一般の外科手術と異なり、長さのある手術器具を用い、モニター画面を見ながら行う手術である。そのため、日常的な練習が必須である。両手の協調関係の練習のため、筆者はドライボックスでの結紮練習法（図5-58）、折り鶴練習法（図5-59）を推奨する。詳しくはほかの書籍を参考にしていただきたい。

おわりに

腹腔鏡手術の上達を目指すためには、腹腔鏡手術の特性を理解し、各種器具、機器の使用法を熟知しなければならない。また、スタッフを教育してチームとして取り組む必要がある。これらは、腹腔鏡手術を実施して間もないころには、大きな障壁となることがある。なぜなら、通常の開腹手術のほうが、人員・用意する器具・手術時間が圧倒的に少ないからである。「腹腔鏡手術が動物と飼い主のためになる」という意識をチームで共有する必要がある。

また、手術を実施する獣医師に「腹腔鏡手術のスキルを上達させたい」、「腹腔鏡手術によって動物を救いたい」という強い意思がなければ、日々のトレーニングを継続できない。自らのモチベーションを高く保つためには、人医学の学会に参加したり、熟練者から意見を聞いたりすることをお勧めする。

内視鏡外科は、今後、世界の動物医療の主軸になっていくことが期待される有望な分野である。基礎からきちんと学び、安全性を最優先して、手技の向上を目指していただきたいと願う。本稿が内視鏡外科を行う獣医師の助けになれば幸いである。

【参考文献】

1. Corriveau, K. M., Giuffrida, M. A., Mayhew, P. D., et al. (2017): Outcome of laparoscopic ovariectomy and laparoscopic-assisted ovariohysterectomy in dogs: 278 cases (2003-2013). *J. Am. Vet. Med. Assoc.*, 251(4):443-450.
2. 朴 永泰, 岡野昇三(2016): 犬における腹腔鏡下及び開腹下卵巣子宮摘出術の術後炎症反応に関する比較検討. *日本獣医師会雑誌*, 69(6):329-332.
3. Holub, Z., Jabor, A., Fischlova, D., et al. (1999): Evaluation of perioperative stress after laparoscopic and abdominal hysterectomy in premalignant and malignant disease of the uterine cervix and corpus. *Clin. Exp. Obstet. Gynecol.*, 26(1):12-15.
4. Freeman, L. J., Rahmani, E. Y., Al-Haddad, M., et al. (2010): Comparison of pain and postoperative stress in dogs undergoing natural orifice transluminal endoscopic surgery, laparoscopic, and open oophorectomy. *Gastrointest. Endosc.*, 72(2):373-380.
5. Davidson, E. B., Moll, H. D., Payton, M. E.(2004): Comparison of laparoscopic ovariohysterectomy and ovariohysterectomy in dogs. *Vet. Surg.*, 33(1):62-69.

6. Devitt, C. M., Cox, R. E., Hailey, J. J.(2005): Duration, complications, stress, and pain of open ovariohysterectomy versus a simple method of laparoscopic-assisted ovariohysterectomy in dogs. *J. Am. Vet. Med. Assoc.*, 227(6):921-927.

7. Molinas, C. R., Binda, M. M., Manavella, G. D., *et al.* (2010): Adhesion formation after laparoscopic surgery: what do we know about the role of the peritoneal environment? *Facts. Views Vis. Obgyn.*, 2(3):149-160.

8. 磯部真倫, 古俣 大, 堀澤 信, ほか(2020): 動画で学ぶ!婦人科腹腔鏡手術トレーニング (磯部真倫 編), 中外医学社.

9. 橋爪 誠, 富川盛雅, 家入里志, ほか(2013): 安全な内視鏡外科手術のための基本手技トレーニング (橋爪 誠 監修), 大道学館出版部.

10. 白石憲男, 猪股雅史(2012): 消化管がんに対する腹腔鏡下手術のいろは 技術認定に求められる基本手技の鉄則 (北野正剛 監修), メジカルビュー社.

11. 内田一徳(2006): よくわかる内視鏡下縫合・結紮のコツと工夫, 永井書店.

12. Matsunami, T.(2022): Laparoscopic ovariohysterectomy for dogs under 5 kg body weight. *Vet. Surg.*, 51 Suppl 1:92-97.

13. Pievaroli, A. M.(2023): Laparoscopic ovariohysterectomy. In : Laparoscopy and Thoracoscopy in the Dog and Cat(Pievaroli, A. M., Properzi, R., Case, J. B. eds.), 1st ed., p.190, Edra Publishing.

14. 江原郁也(2018): 胸腔鏡・腹腔鏡手術の基本と有用性. *Tech. Mag. Vet. Surg.*, 22(4):10-14.

15. 吉田宗則(2018): 腹腔鏡下卵巣・卵巣子宮摘出術. *Tech. Mag. Vet. Surg.*, 22(4):46.

16. Buote, N. J., Fransson, B. A.(2022): Laparoscopic Ovariohysterectomy, Ovariectomy, and Hysterectomy. In: Small Animal Laparoscopy and Thoracoscopy(Fransson, B. A., Mayhew, P. D. eds.), 2nd ed., pp. 254-266, Wiley-Blackwell.

17. Tapia-Araya, A. E., Díaz-Güemes Martin-Portugués, I., Bermejo, L. F., *et al.* (2015): Laparoscopic ovariectomy in dogs: comparison between laparoendoscopic single-site and three-portal access. *J. Vet. Sci.*, 16(4):525-530.

18. 吉田宗則(2018): 腹腔鏡下卵巣・卵巣子宮摘出術. Tech. *Mag. Vet. Surg.*, 22(4):34.

エキゾチックアニマルの避妊手術

1. ウサギの避妊手術
2. ハリネズミ（ヨツユビハリネズミ）の避妊手術

1. ウサギの避妊手術

はじめに

　ウサギは犬・猫に次いで第三の愛玩動物としての地位を国内外で確立している。ウサギの飼い主は熱心な飼い主が多く、ウサギの雌で生殖器疾患の罹患率が高いことは多くの飼い主が理解している。そのため、疾患予防的な避妊手術を目的として動物病院に来院する件数は年々増加している。また、未避妊の雌ウサギが生殖器疾患に罹患し、卵巣子宮摘出術が必要となる例も多い。

　本稿ではこれらを背景に雌ウサギの避妊手術（卵巣子宮摘出術）の方法をステップ・バイ・ステップで紹介する。

手術のメリット・デメリット

　ウサギの避妊手術を実施する主なメリットは 2 つある。1つ目は、**望まない繁殖を避けられること**である。ウサギは繁殖力の強い周年繁殖動物であるため、望まない繁殖を避ける目的で避妊手術が実施される。手術に伴うリスクや費用などを考慮すると、繁殖を避ける目的のみであれば雄を去勢したほうがよいと思われるが、当院では雌の避妊手術を推奨している。その理由がウサギで避妊手術を実施するおもなメリットの2つ目であり、こちらが最も大きなメリットになる。

　ウサギの雌は生殖器疾患の発生率が非常に高いことが以前から報告されており[1]、これは近年では獣医師だけではなく飼い主も周知の事実である。生殖器疾患の多くは子宮疾患であり、2歳齢以上のさまざまな年齢でみられる。罹患子宮の病理組織学的な変化は、若齢時は子宮内膜過形成などの良性疾患であるものの、出血量が非常に多くなる傾向がある。中年齢以上でみられる子宮疾患の多くは腫瘍性疾患であり、子宮腺癌や平滑筋肉腫などの悪性腫瘍の発生率も高く、肺や骨への転移、乳腺腫瘍の続発などを引き起こすこともある。これらの**雌性生殖器疾患の発生を予防すること**が、ウサギに避妊手術を実施する最も大きなメリットおよび目的となる。

　避妊手術のデメリットは全身麻酔下での開腹手術が必要なこと、麻酔や手術にともなうリスク、費用がかかることが第一に挙げられる。その他のリスクとしては、術後にそれまで覚えていたトイレ以外の場所で排泄するようになった、食欲が増し体重が増えた、性格が変わったなどという報告を飼い主から受けることもある。

　上記のメリット・デメリットを踏まえ、ウサギの雌性生殖器疾患の発生率の高さを考慮すると、ウサギに避妊手術を実施するメリットは非常に大きいと筆者は考えている。

実施時期

　ウサギの避妊手術の実施方法は卵巣のみ摘出する方法と卵巣と子宮を摘出する方法がある。卵巣のみ摘出する方法は、侵襲性は少ないものの、性成熟前に手術を実施しないと卵巣摘出後も子宮疾患に罹患する可能性が残るといわれている。雌ウサギの性成熟は早く、生後4〜8カ月齢で性成熟に達する。しかし、筆者は経験上、6カ月齢以前に避妊手術を実施すると卵巣や子宮が未発達であるため、卵巣や子宮を確認するのが多少困難であると感じている。また、ウサギは2歳齢前後から肥満になりやすい傾向があり、肥満個体では子宮広間膜に脂肪が蓄積するため手術手技が多少煩雑になる。このため**日本エキゾチック動物医療センター（以下、当院）では、ウサギの避妊手術は 1〜2歳齢で実施することを推奨し、卵巣子宮摘出術を実施している。**

　2歳齢を超えた症例の手術の実施時期については、3〜4歳齢くらいまでであれば年齢による差はそれほどないものの、5歳齢を超えると子宮疾患の発生率が上昇する。症例によっては高齢期に入ると腎疾患などの他疾患に罹患する確率も増えるため、早めの手術の実施を推奨している。

生殖器の解剖

　ウサギの雌性生殖器は左右一対の卵巣と卵管、子宮と腟からなる臓器であり、基本的な構造は犬・猫と同

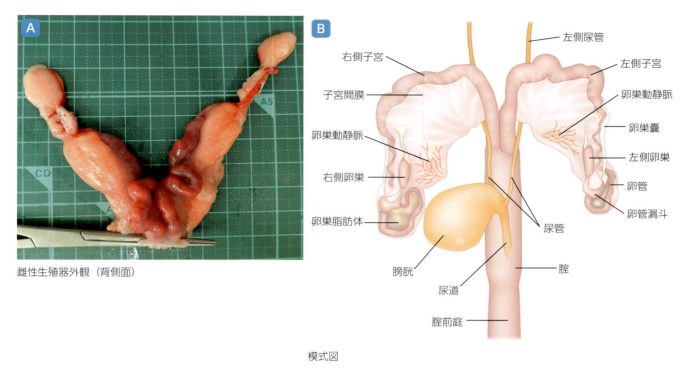

図5-1-1 ウサギの雌性生殖器の外観と模式図

様である（図5-1-1）。ウサギの子宮は**重複子宮**と呼ばれ、左右一対の子宮が完全に独立しており、**それぞれの子宮体が別々に腟に連絡**している（図5-1-2）。この点で、双角子宮とも呼ばれ左右の子宮体が子宮頸管部で合流し、1つの連絡孔を経て腟に合流する犬・猫とは異なることが最も大きな特徴である。

卵巣は黄色味を帯びた乳白色の楕円形の構造物である。通常、表面は平滑であるが、発情時期により発達した卵胞が目立ったり、表面に黒色の斑点がみられたりすることもある。卵巣周囲には**卵巣脂肪体と呼ばれる脂肪組織が発達**している。卵巣は卵管を介して子宮と連絡している（図5-1-3）。

子宮は膀胱背側に位置し、卵巣間膜、卵管間膜、子宮間膜からなる子宮広間膜で支えられている（図5-1-4）。**ウサギの子宮広間膜は脂肪が蓄積しやすい部位**であり、子宮広間膜内の血管は蓄積した脂肪でしばしば視認しづらくなる。子宮は左右に完全に分離しており、それぞれの子宮が別々に腟に開口している。

腟は肉眼的にも容易に子宮と鑑別できる袋状の管腔構造物であり、遠位部で左右の子宮と連絡する。**腟前庭部には外尿道口が開口し外陰部へとつながっている**（図5-1-2）。

ウサギの尿管は比較的太く肉眼でも視認できる。子宮や腟近位を走行しているため、子宮広間膜や子宮動静脈の処置時に誤って傷つけたり結紮したりしないように注意が必要である。尿道は腟前庭部に開口しているため、腟を広範囲に切除する際には注意が必要である。

術前検査

ウサギは、ごくまれな例外を除き、**犬・猫と同様に術前検査を実施**することができる。ごくまれな例外とは非常に神経質で、保定時に鳴き叫び暴れるような症例の場合である。このような症例では術前検査を手術当日に行うこともあり、以下に述べる前投薬後の鎮静状態下で術前検査を実施する。

当院では術前検査として、全身のX線検査（側面像、腹背像の2方向）と血液検査を実施している。血液検査では全血球計算（CBC）と血液化学検査としてBUN、Cre、ALT、ALP、Na、K、Clの測定を行い、必要に応じてその他の項目を追加している。

術前検査で異常がみられた際は避妊手術の実施を延期する。確認された異常は必要に応じて治療する。異

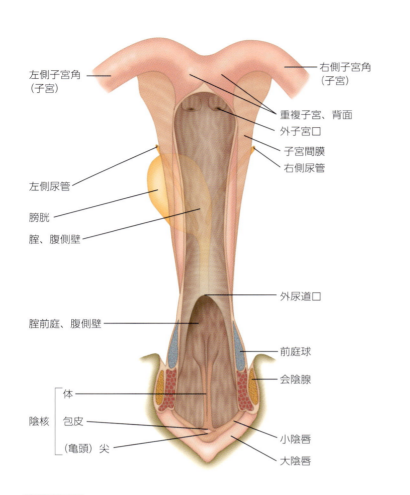

図5-1-2 ウサギの雌性生殖器解剖図
左右一対の子宮は完全に独立し、それぞれが別々に腟に開口し重複子宮と呼ばれる。

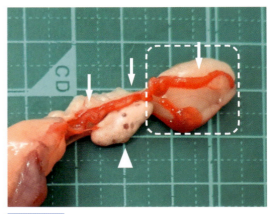

図5-1-3 卵巣、卵管、卵巣脂肪体の外観
卵巣（▷）、卵管（⇨）と卵巣脂肪体（----内）を示す。

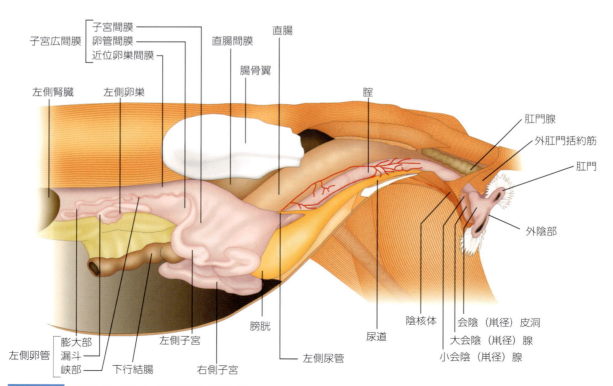

図5-1-4 雌性生殖器と他臓器との関係
子宮は膀胱背側に位置し、卵巣間膜、卵管間膜、子宮間膜からなる子宮広間膜で支えられている。

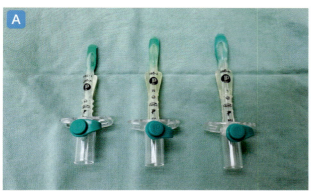 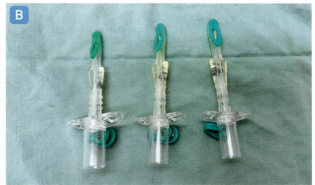

背側面　　　　　　　　　　　　　　　　腹側面

図5-1-5　ウサギ用声門上気道デバイス（V-gel）
ウサギの体格によりいくつかのサイズをそろえている。現在では違うタイプのものが市販されている。

常値が参照値を軽度に逸脱している症例でも避妊手術はあくまで予防的な選択手術であるため、1～2週間後に再度術前検査を実施して異常がないことを確認してから避妊手術を実施することが多い。

術前準備および麻酔

犬や猫とは異なり、ウサギは生物学的な特徴により嘔吐ができない。また、ウサギは常時食べ続ける動物であるため長時間の絶食は消化管運動低下などの原因となることがある。そのため基本的に術前の絶食は必要ないとされている。当院では、来院前の絶食は指示しておらず、来院後、麻酔をかける3時間くらい前を目途にケージ内の餌を取り出している。

被捕食動物であるウサギは環境の変化や捕食動物の存在でストレスを感じやすい。このため、術前・術後ともに犬や猫とは別の部屋で管理できることが理想である。同じ部屋で管理する場合にも**できるかぎり静かな落ち着ける環境で管理**し、術前・術後に不要なストレスをかけないように配慮する。

前処置および麻酔薬の準備

当院では、麻酔前の前投薬としてケタミン 5 mg/kg、メデトミジン 0.1 mg/kgを混ぜて筋肉内投与している。通常、筋肉内投与後10分以内に伏臥位になり不動化される。不動化後に橈側皮静脈へ留置針の留置を行い、静脈路を確保する。

草食動物であるウサギは胃や盲腸などの消化管が体腔内に占める割合が大きく、相対的に腹部に対して胸部は小さくなる。したがって、消化管による横隔膜の圧迫を避けるため、前投薬後は完全に覚醒するまで**常に胸部を挙上した姿勢を維持する**ことが重要である。

静脈路の確保後に胸部を挙上した状態で仰臥位に保定し、腹部の毛刈りを行う。気管チューブの挿管や声門上デバイスを用いる場合、麻酔中の呼吸はEtCO$_2$でモニターできるが、マスクで吸入麻酔を維持する場合は胸郭の動きを目視し呼吸状態を確認できるように、より頭側まで広範囲に毛刈りを実施するとよい。

当院では仰臥位で保定後、声門上気道デバイス（V-gel）（図5-1-5）を設置し、イソフルランで麻酔を維持している。また、導入後に鎮痛薬としてブプレノルフィン 20 μg/kgとメロキシカム 0.5 mg/kgを皮下投与している。

アチパメゾール 0.5 mg/kgを準備しておき、必要に応じて投与する。

手術器具の準備

手術器具は犬・猫と同じ器具を利用できるが体格が小さいため、鑷子や鉗子、把針器などはすべて**小型のもののほうが利用しやすい**。当院での避妊手術に用いる器具を図5-1-6、5-1-7に示す。

毛刈り

ウサギの被毛は細く皮膚も薄いため、毛刈りは目の

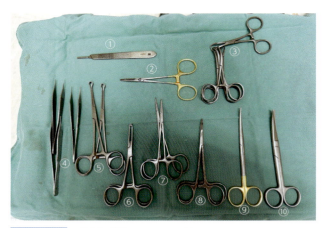

図5-1-6 避妊手術に用いる器具
手術器具は犬・猫と同じ器具を利用できるが、体格が小さいため小型のものが利用しやすい。
①メス柄、②持針器、③タオル鉗子、④無鉤鑷子、⑤バブコック鉗子、⑥アリス鉗子、⑦モスキート鉗子（直）、⑧モスキート鉗子（曲）、⑨メッツェンバウム剪刀、⑩外科剪刀

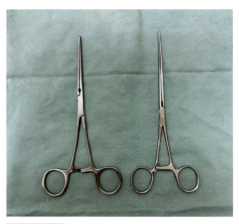

図5-1-7 腸鉗子

図5-1-8 術野準備

図5-1-9 ポジショニング
胸部を挙上した仰臥位に保定する。

細かいクリッパー（バリカン）を用いて皮膚を傷つけないように注意深く行う。とくに内股や陰部周囲は皮膚が襞になりやすく、誤ったバリカンの操作により皮膚が容易に裂けてしまうため注意が必要である。毛刈りの範囲は術野に必要な範囲（剣状突起～恥骨まで）で十分であるが、吸入麻酔をマスクで維持する場合などは、前述したとおり胸郭の動きを確認できるよう、より頭側まで毛刈りをすることもある（図5-1-8）。

手術台での動物の保定、消毒

頸部の屈曲などに注意し、胸部を挙上した仰臥位に保定する。保定の際、胸腔の動きを障害しないように四肢を牽引せず、胸の上に手や物をのせることもでき

るかぎり避けるように注意している（図5-1-9）。また、マスクで呼吸管理をする場合はマスクでウサギの鼻孔を塞ぐことがないように注意する。消毒は常法どおり行う。

周術期管理

術中は10 mL/kg/時で静脈内輸液を実施し、術後は3 mL/kg/時で必要に応じて持続点滴を継続する。心電図とパルスオキシメーター、カプノメーター（気管挿管や声門上デバイスを用いる場合）を装着しECGとSpO_2、$EtCO_2$をモニターする。胸郭や鼻孔の動きを目視し、麻酔深度や呼吸状態を評価する（表5-1-1）。体温低下による影響を避けるため保温を適切に行うこ

表5-1-1 麻酔管理でモニタリングする項目と評価方法

項目	五感		機械
動き	反射（正向・筋・痛覚・眼球）		
呼吸	胸郭の動き、鼻孔の動き		$EtCO_2$（挿管、小さなマスク利用時）
	舌・粘膜面の色調		パルスオキシメーター
循環	心拍（聴診）		心電図、パルスオキシメーター
	血圧（股動脈触知）		血圧計
	可視粘膜		

とが重要である。当院では体温計の挿入による直腸の
損傷を懸念し、高体温などが疑われる時以外は体温の
測定を行っていない。

術 式

術野の準備

4枚のドレープを用いて術野を準備する。ドレープはタオル鉗子で固定する（図5-1-10）。マスクで麻酔を維持する際は胸郭の動きで呼吸状態をモニターするため、より頭側まで毛刈りを実施するか、透明ドレープを用いる。

https://e-lephant.tv/ad/2003529
術野の準備〜腹壁切開

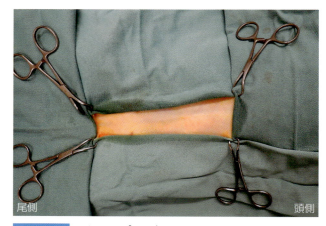

図5-1-10 ドレーピング

皮膚切開

臍直下から尾側に向けて皮膚を3〜4 cm程度切開する（図5-1-11）。

> **Tips**
>
> ウサギの皮膚や皮下組織、筋層は犬や猫に比べて薄く、腹筋直下に盲腸が存在するため、皮膚切開の際は下部組織を傷つけないように慎重に皮膚のみを切開することが重要である。

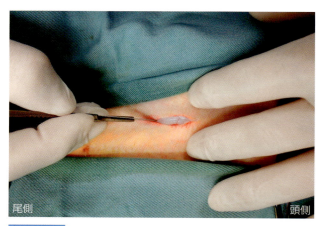

図5-1-11 皮膚切開

皮下組織の剥離

メスもしくはメッツェンバウム剪刀などで皮下組織を剥離し、白線を確認する（図5-1-12）。

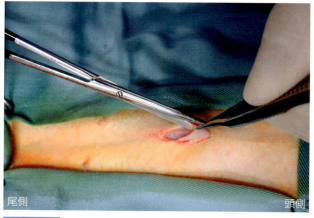

図5-1-12 皮下組織の剥離

皮膚切開や皮下組織剥離時の少量の出血は、電気メスや眼科用焼烙器などで止血する（図5-1-13）。

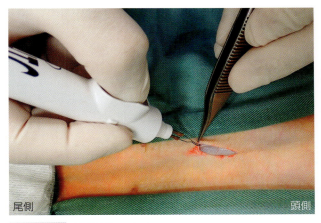

図5-1-13 開腹時の止血

腹壁切開

無鉤鑷子にて腹筋を挙上し、メスで白線上を小切開する（図5-1-14-①）。

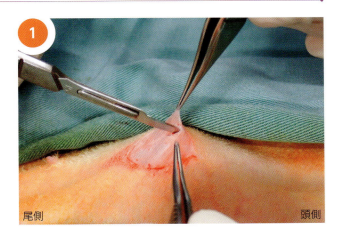

メッツェンバウム剪刀を用いて小切開部位から頭側および尾側に切開を広げる（図5-1-14-②）。

> **Tips**
>
> ウサギの盲腸は大きく、腹筋直下に存在しており盲腸壁は非常に薄い。このため腹壁切開時は直下に存在する盲腸壁を傷つけないようにメスは上向きにして用い、十分に注意をして腹壁切開を行うことが重要である（図5-1-14）。腹壁切開時に腹壁を十分に挙上して腹壁と盲腸間に隙間をつくること、小切開後に腹腔内に空気が流入してより多くの空間ができたことを確認してから切開を広げることで、盲腸壁を傷つけるリスクを軽減できる。

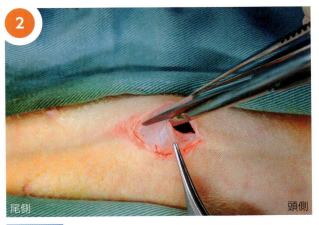

図5-1-14 腹壁切開

子宮の確認

切開部位から子宮を確認する。通常、子宮は容易に確認できるが、確認できない場合は用手やメス柄を用いて盲腸や脂肪をよけて子宮を確認する。未発達の子宮や肥満個体などで子宮が確認しづらい場合は必要に応じて腹壁の切開を広げる。

https://e-lephant.tv/ad/2003530
子宮の確認～子宮動静脈の処置

Tips

性成熟前の若齢個体では卵巣や子宮が未発達で小切開部位から確認しづらく、肥満個体では多量の脂肪により子宮が確認しづらいことがある。このような場合は、いたずらに時間をかけて腹腔内臓器を触るよりも皮膚や腹壁の切開をより大きくした方が出血や臓器の損傷を避けることができる。

子宮の牽引

確認した子宮角を用手もしくは子宮吊り出し鉤やバブコック鉗子などを用いて体腔外へ牽引する。牽引する際、筆者はバブコック鉗子を用いることが多い。子宮の組織を傷つけないように鉗子は完全に咬まず周囲の脂肪組織とともに牽引する（図5-1-15）。

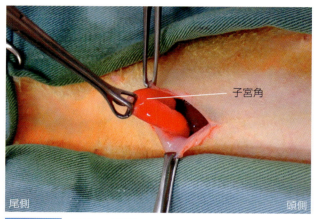

図5-1-15 子宮の牽引

Tips

子宮を体外へ牽引する際に卵巣周囲に存在する卵巣脂肪体を確実に体外へ牽引することが重要である。同部を体外へ牽引できれば卵巣、卵管、子宮、腟のすべてが体外へ露出できるため、続く手技が容易に実施できる（図5-1-16）。肥満個体では卵巣脂肪体や子宮広間膜の脂肪蓄積が重度であるため、体外への牽引が困難になることがある。このような場合は、必要に応じて切開部位を頭側へ広げる。

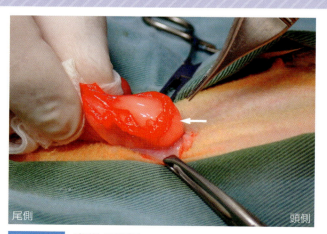

図5-1-16 卵巣の確認
卵巣を体外へ牽引する際は卵巣脂肪体（⇨）を確実に体外へ牽引することが重要である。

卵巣の処置

小孔の作製

卵巣と卵巣脂肪体を確認し、子宮広間膜の血管がない部位にモスキート鉗子などを用いて小孔を作製する（図5-1-17-①）。

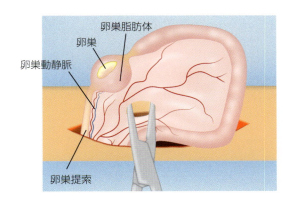

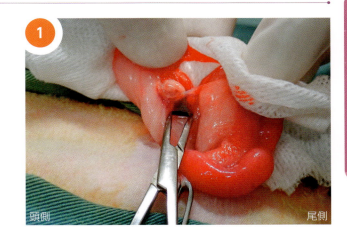

卵巣動静脈や卵巣提索の結紮

同孔から4-0の吸収糸を用いて卵巣動静脈や卵巣提索を一括で結紮する。近位に2糸、遠位に1糸結紮する（図5-1-17-②）。

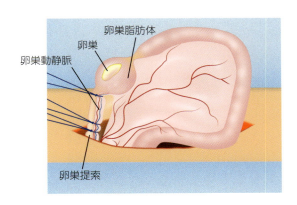

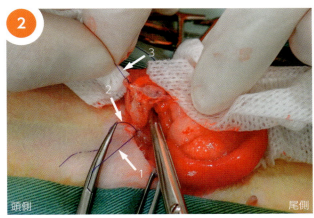

作製した小孔から吸収糸を用いて卵巣動静脈や卵巣提索を結紮する。近位に2糸（⇨1、2）、遠位に1糸（⇨3）結紮する。

卵巣動静脈や卵巣提索の切断

近位部の1糸は支持糸として残し、近位2糸と遠位1糸の間をメッツェンバウム剪刀で切断する。切断面から出血がないことを確認して支持糸を短く切断する（図5-1-17-③）。

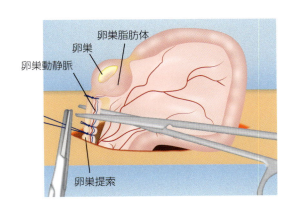

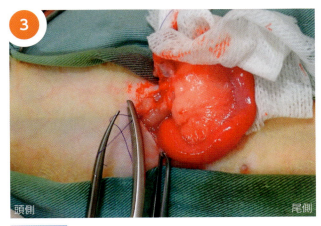

図5-1-17 卵巣の処置

Tips

卵巣提索を切断する際は、卵巣動静脈を含め、周囲の血管が細いため縫合糸による結紮ではなく、電気メスなどを用いて処理（点線に沿って止血しながら切開）することもできる。この際、しっかりと止血されていることを確認することが重要である。

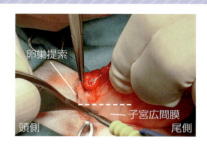

子宮広間膜の処置

子宮広間膜を電気メスで切開、もしくはモスキート鉗子で鈍性剥離していく（図5-1-18-①）。

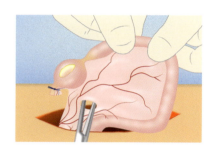

細い血管は電気メスで焼烙止血し、太い血管は必要に応じて4-0吸収糸で2カ所結紮し、その間を切断する（図5-1-18-②）。あるいは、卵巣動静脈の処理と同様に3カ所結紮し、近位に結紮糸を2本残すように切断することもある。

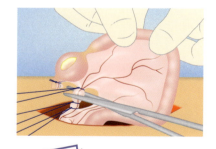

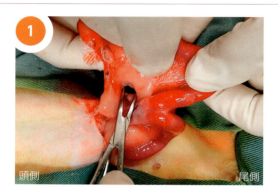

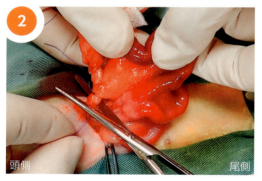

細い血管は電気メスで焼烙止血しながら切開を広げ、太い血管は必要に応じて4-0吸収糸で結紮し、結紮した間をメッツェンバウム剪刀で切断する。

図5-1-18 子宮広間膜の処置

Tips

子宮広間膜への血管分布は限られているが、肥満個体などでは子宮広間膜に蓄積した脂肪内に比較的太い血管が侵入していることがある。このため、血管走行に注意しながら子宮広間膜を切開する。

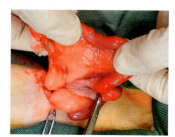

脂肪が重度に蓄積している子宮広間膜

子宮動静脈の処置

卵巣動静脈以外に結紮が必要な太い血管として、左右の子宮角に沿って走行する子宮動静脈がある。これらの血管は子宮に沿って左右に走行しているが子宮からは離れているため、子宮と血管の間にモスキート鉗子などを用いて小孔を開ける（図5-1-19-①）。同孔から血管を近位2糸、遠位1糸で結紮し、その間で血管を切断する（図5-1-19-②）。結紮する部位は子宮部ではなく腟部で行う（図5-1-19-③）。

> **Tips**
>
> 左右の子宮動静脈、とくに腟に沿った部位には左右の尿管が近位を走行している。このため、誤って尿管を結紮しないように注意する。

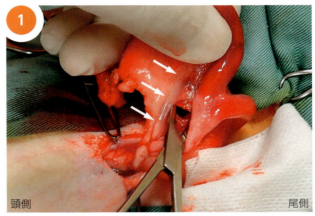

左右の子宮角に沿って走行する子宮動静脈（⇨）を確認し、子宮と同血管の間にモスキート鉗子などを用いて小孔を開ける。

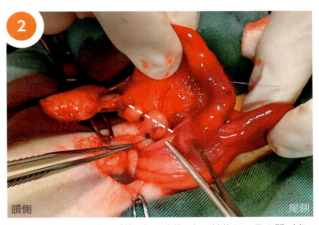

同孔から子宮動静脈を近位2糸、遠位1糸で結紮し、その間（点線）を切断する。

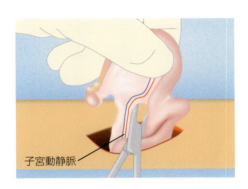

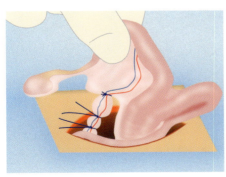

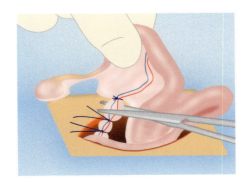

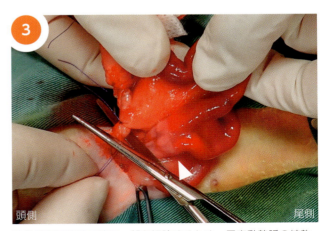

卵巣子宮切除時に腟の一部を切除するため、子宮動静脈の結紮は子宮部ではなく腟部で行う（▷は子宮と腟の境界部を示す）。

図5-1-19 子宮動静脈の処置

https://e-lephant.tv/ad/2003531
対側の卵巣周囲の処置（シーリング装置使用例）

 動画でわかる

対側の卵巣周囲の処置（ベッセル・シーリング・システム〈シーリング装置〉使用例）

同様の処置を対側にも実施する。今回、対側はシーリング装置（LigaSure™：コヴィディエンジャパン）を用いた方法を紹介する。これらの機器を利用することで、脂肪内の血管の探索や縫合糸による結紮などが不要となり、体内に異物を残すこともなく手術時間の大幅な短縮が期待できる。

卵巣の処置

卵巣と卵巣脂肪体を体外へ引き出した後、シーリング装置で卵巣提索と子宮広間膜を脂肪ごとシーリング処理する（図5-1-20-①）。

しっかりとシーリングされているのを確認した後、メッツェンバウム剪刀でシール部を切断する（図5-1-20-②）。

子宮広間膜の処置

子宮に沿って走行する血管（子宮動静脈）もシーリング装置で同様に処理することができる（図5-1-20-③）。

通常、2～3回程度のシーリング処理で片側の卵巣および子宮広間膜の処置をおえることができる（図5-1-20-④）。

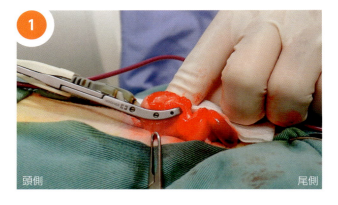

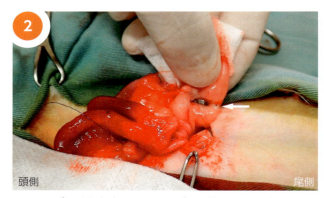

シーリング処理後（⇨）、メッツェンバウム剪刀を用いて切断する。

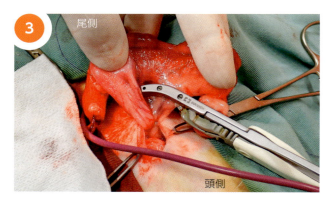

子宮広間膜や子宮動静脈の処置もシーリング装置を用いることで迅速に実施できる。

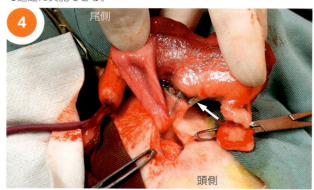

問題なくシールされているのを確認した後（⇨）、シール部をメッツェンバウム剪刀で切断する。

図5-1-20 対側の卵巣の処置（シーリング装置使用例） （次ページにつづく）

図5-1-17～5-1-19までの処置をシーリング装置を用いることでより容易に実施できる。

子宮広間膜を子宮近位まで切断する（図5-1-20-⑤）。

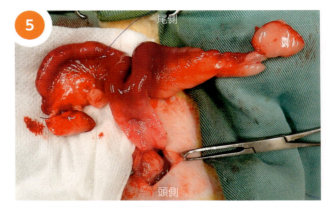

左右の卵巣提索と子宮広間膜およびそれらに分布する血管の処理を行った後の卵巣、卵管、子宮を尾側へ反転した外観。

図5-1-20 対側の卵巣の処置（シーリング装置使用例）（つづき）

https://e-lephant.tv/ad/2003532
腟の鉗圧と切断

https://e-lephant.tv/ad/2003533
腟断端の縫合（動画は二重内反縫合）

子宮（腟）断端部の処置

腟の鉗圧と切断

ウサギの子宮は重複子宮であり、左右の子宮が別々に腟に開口している。このため、筆者は子宮ではなく腟部を切断して子宮を摘出している。

切断する部位の近位と遠位に腸鉗子をそれぞれ設置する（図5-1-21-①）。

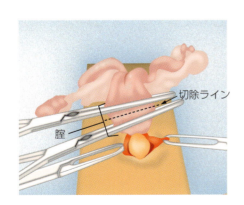

縫い代を残して設置した腸鉗子間で腟を切断し、卵巣、卵管、子宮と腟の一部を摘出する（図5-1-21-②）。

図5-1-21 腟の鉗圧と切断

腟断端の縫合

4-0吸収糸を用いて、腟断端を連続縫合する（図5-1-22-①）。この際、縫いはじめと縫いおわりの部分で腟を貫通結紮しておくと、縫合後の出血が生じるリスクを軽減できる。縫合後に腸鉗子を外して出血がないことを確認し、縫合糸を切断する。腸鉗子を外した際、出血がみられる場合は追加の結紮を行い、確実に出血がないことを確認する（図5-1-22-②）。

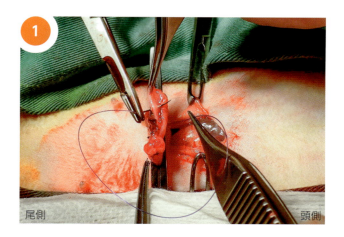

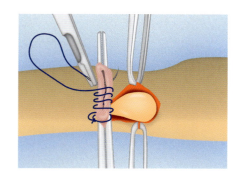

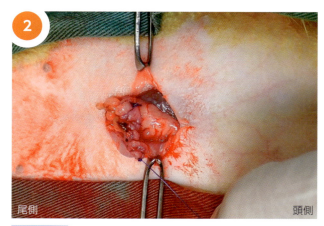

図5-1-22 腟断端の縫合

> **Tips**
>
> 若齢個体で腟断端の径が非常に小さい場合は、子宮動静脈を腟壁ごと結紮縫合した後、腟全周を巻き込むような結紮（貫通結紮）を左右で実施し、腟断端の連続縫合は実施しないこともある。

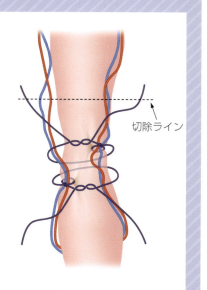

腹壁縫合

　腹腔内に出血がないことを確認した後、腹壁を縫合する。4-0もしくは3-0の吸収糸を用いて、単純結節縫合もしくは連続縫合を行う（図5-1-23）。

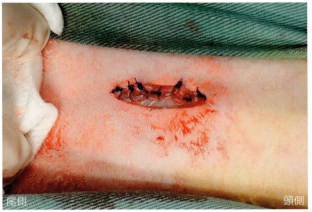

図5-1-23　腹壁縫合

皮下縫合および皮膚縫合

　皮下縫合は、4-0吸収糸を用いて単純連続縫合を行う（図5-1-24）。

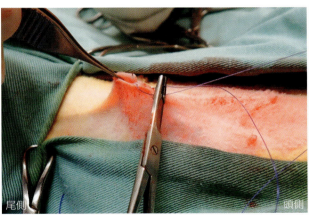

図5-1-24　皮下縫合

　皮膚縫合は、4-0もしくは3-0のナイロン糸を用いて単純結節縫合を行う（図5-1-25）。

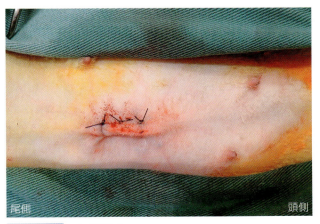

図5-1-25　皮膚縫合

表5-1-2	ウサギで注意が必要な麻酔管理と周術期管理のまとめ
絶食時間	基本的に不要。嘔吐ができないことと、長時間の絶食は消化機能に悪影響が出るため。できれば麻酔前2〜3時間の多量の摂食は控える
環境管理	犬・猫から隔離し、静かな落ち着いた環境で管理する
疼痛管理	周術期および術後も含めて積極的に疼痛管理を行う
呼吸管理	胸腔が狭く、気管挿管が困難なため要注意
	常に胸部を挙上させる（消化管による横隔膜圧迫の軽減）
	注意深く呼吸モニター（$EtCO_2$、SpO_2、胸郭もしくは鼻孔の動き）を行う
術後の採食	術後数時間で食べはじめることを確認する。半日以上食べない場合は原因を精査する
	必要に応じて投薬や補液、補助給餌を行う
排泄の確認	排尿量と排便量を確認し評価する

術後管理

手術終了後はアチパメゾールを投与し、自発呼吸に問題がないことを確認して気管チューブや声門上デバイスを除去する。症例は頭頸胸部を挙上させた伏臥位姿勢で維持し、呼吸状態やSpO_2値に問題がなければ入院ケージに移動させる。完全に覚醒するまでは監視を続け、術後は必要に応じて 3 mL/kg/時で静脈内輸液を継続する。

当院では、完全に覚醒した後エリザベスカラーを装着し、手術当日は1日入院治療し翌日退院させることが多い。必要に応じて鎮痛薬（メロキシカム 0.5 mg/kg、1日1回）や抗菌薬（エンロフロキサシン 10 mg/kg、1日1回）などを数日間処方する。抜糸は術後10〜14日に実施することが多い。

飲水や食事は完全に覚醒し、エリザベスカラーを装着した後で開始する。静脈内輸液は術後も継続し当日の夜に留置針を抜去する。もしくは、症例の状態によっては留置針を残したままにし（夜間は輸液ラインを外す）、翌朝、症例の状態を評価し必要に応じて静脈内輸液を継続することもある。

通常は術後数時間で食べ始めるが、翌日以降も食欲が戻らない場合は補助給餌や消化管運動改善薬（メトクロプラミド 0.5〜1.0 mg/kg、1日2回やモサプリド 0.5〜1.0 mg/kg、1日2回）の投与、皮下補液など、食欲不振に対する対症療法を実施する。症例の状態や身体検査で問題がなく、環境の変化などによるストレス

が食欲不振の原因と思われる場合は、食欲がない症例でも一度退院させて自宅で経過を観察してもらうこともある。

退院後は自宅で活動性、食欲、排尿、排便の状態と術創の状態を確認してもらい、異常がみられる際には来院を指示する。状態が落ち着いている場合は退院後2〜3日以内に再診を指示し、問診および身体検査で症例の状態や術創を評価する。再診時、問題がなければ術後10〜14日に抜糸を行う。

合併症

ウサギの避妊手術にともなう特異的な合併症はないが、犬、猫と異なる麻酔管理や周術期管理に注意が必要である（表5-1-2）。ごくまれに、漿液腫や子宮断端腫、縫合糸に対する肉芽腫性反応などがみられることもある。漿液腫は自然に退縮するか必要に応じて穿刺して貯留液を吸引する。子宮断端腫や縫合糸に反応した肉芽腫は経過を観察し、必要に応じて再度外科的に病変部を切除する。そのほか、血管結紮時やシーリング時に尿管を損傷しないよう注意が必要である。

おわりに

雌ウサギの生殖器疾患の罹患率は非常に高く、疾病予防の観点からも犬や猫以上に避妊手術の実施が推奨される。ウサギの避妊手術は犬や猫の避妊手術を行う

獣医師にとって、手技自体はそれほど難しくはない。麻酔や周術期管理に気をつければ比較的容易に実施できると思われる。また、雌ウサギが生殖器疾患に罹患して来院することも多い。その場合も避妊手術と同様の方法で罹患した雌性生殖器を外科的に摘出し治療できる。本稿で紹介した方法を参考にして、多くの先生がウサギの卵巣子宮摘出術を積極的に行っていただければ幸いである。

【参考文献】
1. Settai, K., Kondo, H., Shibuya, H.(2020): Assessment of reported uterine lesions diagnosed histologically after ovariohysterectomy in 1,928 pet rabbits (Oryctolagus cuniculus). *J. Am. Vet. Med. Assoc.*, 257(10):1045-1050.

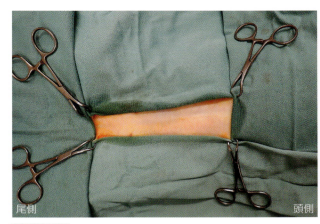

図5-1-26 ウサギの避妊手術動画（通し）

https://e-lephant.tv/ad/2003536
ウサギの避妊手術動画（通し）

2. ハリネズミ（ヨツユビハリネズミ）の避妊手術

はじめに

体全体が針で覆われているように見えるハリネズミは、10年ほど前からエキゾチックペットとしての人気が上昇してきている。それにともない動物病院に来院する数も増えてきており、ハリネズミに関する獣医学的な情報も蓄積されつつある。そのなかで、ハリネズミはウサギと同様に子宮疾患に罹患する率が高いことが確認され、予防的な避妊手術も推奨されるようになってきた。

本稿ではこれらを背景に雌のハリネズミの避妊手術として卵巣子宮摘出術の方法を紹介する。

手術のメリット・デメリット

ハリネズミの避妊手術を実施するメリットとデメリットはウサギと同様であり、おもなメリットは2つある。1つ目は、望まない繁殖を避けられることである。ハリネズミは雄と雌を同居させると比較的容易に繁殖する動物であるため、**望まない繁殖を避ける目的**で避妊手術が実施される。もう1つの理由もウサギと同様である。ハリネズミの雌は生殖器疾患の発生率が非常に高いため[1,2]、**雌性生殖器疾患の予防**を目的に避妊手術を実施する。

避妊手術のデメリットは全身麻酔下での開腹手術が必要なこと、麻酔や手術にともなうリスク、費用がかかることが挙げられる。

上記のメリット・デメリットを踏まえ、ハリネズミの雌性生殖器疾患の発生率の高さを考慮すると、ハリネズミでも予防的に避妊手術を実施するメリットがあると考えられる。日頃から手術に慣れておくことで、実際に子宮疾患や卵巣疾患に罹患した症例に対しても適切な外科的対応ができるものと筆者は考えている。

実施時期

ハリネズミの避妊手術の実施時期について詳細な検討はされていないが、予防的な避妊手術を行う場合、当院では6カ月齢以上での実施を推奨している。いまだにウサギや犬、猫に比べて予防的な避妊手術は一般的ではないが、筆者は血尿がみられた際など子宮疾患が疑われる症例では積極的な卵巣子宮摘出術を推奨している。

生殖器の解剖

ハリネズミの雌性生殖器は左右一対の卵巣と卵管、子宮と腟からなる臓器であり、基本的な構造は犬・猫と同様である（図5-2-1）。しかし、ハリネズミの卵巣や子宮の解剖学的な特徴は犬・猫と異なる点も多く、肉眼的にも特徴的な外観を呈している（図5-2-2）。

子宮は膀胱背側に位置し、左右の子宮は羊の角のように強く弯曲している。弯曲した子宮の先端部に卵巣が存在するが、卵管や固有卵巣索などは肉眼では明確に確認できない。子宮広間膜はウサギに比べて発達しておらず、短くて脂肪が付着していることが多い。腟は肉眼的に子宮とは鑑別できるが、ウサギに比べると肉質で厚く短い。

術前検査

ハリネズミの術前検査は全身のX線検査のみ実施することが多い。血液検査も実施できるが、血液検査を実施する際には鎮静や麻酔が必要となり、検査のために採血する血液量は手術時に予想される出血量よりも多くなる。このため筆者は通常、術前検査として問診、身体検査とともに全身のX線検査を行っている。全身のX線検査は、麻酔下では側面像と腹背像の2方向、無麻酔下では保定が困難なことが多いため、側面像と背腹像の2方向で撮影することが多い。血液検査についてはその目的とそれにともなうリスク（麻酔の必要性や採血量）について説明し、希望される場合には手術の1週間以上前に実施する。

子宮疾患が疑われる症例では子宮疾患の有無や程度の確認のために腹部の超音波検査を実施することもある。子宮疾患が疑われる場合も前述同様の理由から外

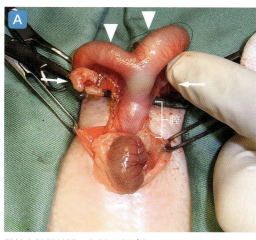
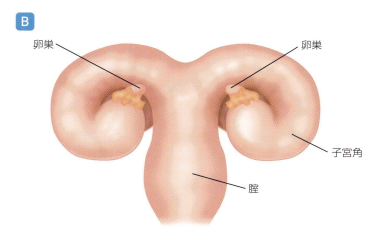

雌性生殖器外観。左側子宮が少し肥厚している。　　　　模式図

図5-2-1 ハリネズミの雌性生殖器の解剖（背側面）
ハリネズミの雌性生殖器は左右一対の卵巣（⇨）と卵管、子宮（▷）と腟からなり、基本的な構造は犬・猫と同様である。図Aでは左右の子宮広間膜を切断している。

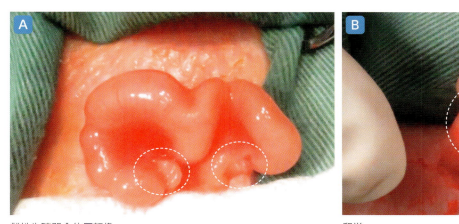

雌性生殖器全体反転像　　　　　　　　　　　　　　　卵巣

図5-2-2 子宮と卵巣外観
ハリネズミの雌性生殖器は弯曲した子宮角により羊の角のような特徴的な外観を呈している。卵巣（点線内）は弯曲した子宮の先端部に存在する。

科的治療に備えて、血液検査を実施しないことが多い。

術前準備および麻酔

ハリネズミはウサギと異なり嘔吐する動物であり、車酔いなどもしばしばみられる。ただし、犬・猫と比較して体格も小さいため、長時間の絶食による影響も懸念される。このため、当院では手術当日の朝からの絶食を指示している。

個体による差はあるが、ハリネズミもウサギと同様に比較的臆病な動物であるため、術前・術後ともに犬や猫とは別の部屋で管理できることが理想である。同じ部屋で管理する場合にも**できるかぎり静かな落ち着ける環境で管理**し、術前・術後に不要なストレスをかけないように配慮する。

前処置および麻酔薬の準備

当院では、ハリネズミの麻酔はイソフルランを用いてボックス導入した後、マスクで維持することが多い。前投薬としてアルファキサロン 2.5 mg/kg、ミダゾラム 0.2 mg/kgなどを皮下投与もしくは筋肉内投与することもある。麻酔導入後はウサギと同様に、消化管に

図5-2-3	術前準備
	マスク導入後に皮下補液を実施し、橈側皮静脈に静脈留置を設置する。

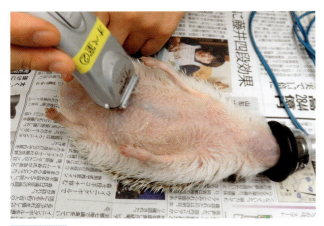

図5-2-4	毛刈り
	ハリネズミの腹側部は短く太い毛で粗に覆われており、容易に毛刈りできる。

よる横隔膜の圧迫を避けるため、完全に覚醒するまではできるかぎり胸部を挙上した姿勢を維持する。

ハリネズミに対しても気管挿管は可能であり、栄養チューブなどを加工することで気管チューブとして利用できる。しかし、気管の直径が小さく、気管挿管時の死腔や空気抵抗が増加するなどの問題から避妊手術では実施していない。マスクで吸入麻酔を維持するため、胸郭の動きを目視し呼吸状態を確認できるように、より頭側まで広範囲に毛刈りを実施するか、透明ドレープを利用するとよい。

マスク導入後に、皮下注射（エンロフロキサシン5 mg/kg、ブプレノルフィン20 μg/kg、メロキシカム0.3 mg/kg）を実施し、橈側皮静脈に静脈留置を設置する。ハリネズミの静脈留置は術中しか維持できず、術後覚醒前に留置針を抜去する。避妊手術の場合、手術時間が短く術中に輸液できる量が少ないため、当院では皮下注射時に乳酸リンゲル液などの輸液剤を10～15 mL/kg程度皮下補液することが多い（図5-2-3）。

手術器具の準備

手術器具は犬・猫と同じ器具を利用できるが体格が小さいため、鑷子や鉗子、把針器などはすべて**小型のもののほうが利用しやすい**。当院ではウサギと同様の器具を用いている。

毛刈り

ハリネズミは全身が針で覆われているように見えるが、実際に針で覆われているのは背側部のみである。腹側部は比較的短く太い毛で粗に覆われており、容易に毛刈りできる。

腹部の皮膚は薄いため、毛刈りは目の細かいバリカンを用いて皮膚を傷つけないように注意深く行う（図5-2-4）。毛刈りの範囲は術野に必要な範囲（剣状突起～恥骨まで）で十分であるが、マスクで吸入麻酔を維持する場合が多いため、胸郭の動きを確認できるようにより頭側まで毛刈りをすることもある。

手術台での動物の保定、消毒

頸部の屈曲などに注意し、胸部を軽く挙上した仰臥位に保定する。保定の際、胸腔の動きを障害しないように四肢を牽引せず、胸の上に手や物をのせることもできるかぎり避けるように注意する。また、マスクで鼻孔を塞ぐことがないように注意する。消毒は常法どおり行う（図5-2-5）。

周術期管理

術中は10 mL/kg/時で静脈内輸液を実施し、麻酔覚醒前に留置針を抜去する。モニターは、心電図とパルスオキシメーターを装着してECGとSpO_2をモニターし、胸郭の動きを目視して麻酔深度や呼吸状態を評価することが多い（表5-2-1）。体温低下による影響を避けるため保温を適切に行うことが重要である。当院

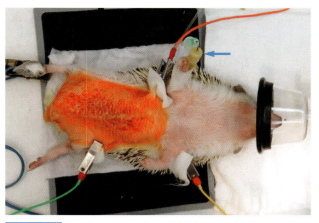

図5-2-5 手術台での動物の保定と消毒
マスクで鼻孔を塞ぐことがないように注意し、仰臥位に保定する。心電図とパルスオキシメーターの装着、静脈内輸液（➡）を実施し、消毒は常法どおり行う。

表5-2-1 麻酔管理でモニタリングする項目と評価方法

項目	五感	機械
動き	反射（正向・筋・痛覚・眼球）	
呼吸	胸郭の動き、鼻孔の動き	EtCO$_2$（挿管、小さなマスク利用時）
	舌・粘膜面の色調	パルスオキシメーター
循環	心拍（聴診）	心電図、パルスオキシメーター
	血圧（股動脈触知）	血圧計
	可視粘膜	

では体温計の挿入による直腸の損傷を懸念し、高体温などが疑われる場合以外は体温の測定を行っていない。

術 式

術野の準備

4枚のドレープを用いて術野を準備する。ドレープはタオル鉗子で固定する。胸郭の動きで呼吸状態をモニターするため、より頭側まで毛刈りをするか、透明ドレープを用いる（図5-2-6）。

※予防的に行った手術ではなく、子宮疾患の症例に行った卵巣子宮摘出術の動画を掲載している。
https://e-lephant.tv/ad/2003539/
皮膚切開～腹壁切開

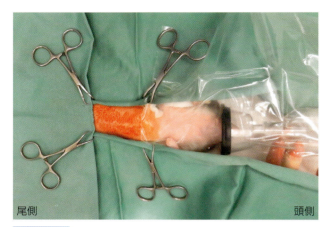

図5-2-6　術野の準備
胸郭の動きで呼吸状態をモニターするため、頭側は透明ドレープを用いている。

皮膚切開

臍直下から尾側に向けて皮膚を2～3 cm程度切開する（図5-2-7）。

> **Tips**
>
> ハリネズミの皮膚や皮下組織、筋層は犬や猫に比べて薄いため、皮膚切開は下部組織を傷つけないように慎重に皮膚のみを切開することが重要である。

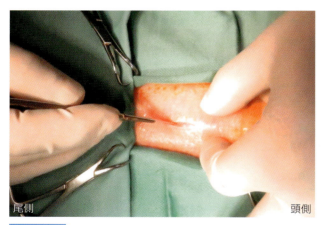

図5-2-7　皮膚切開

皮下組織の剥離

皮下組織はメスもしくはメッツェンバウム剪刀などで剥離し、白線（➡）を確認する（図5-2-8）。皮膚切開や皮下組織剥離時の少量の出血は電気メスや眼科用焼烙器などで止血する。

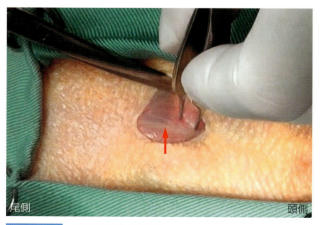

図5-2-8　皮下組織の剥離

腹壁切開

腹筋を無鈎鑷子にて挙上し、メスで白線上を小切開する（図5-2-9-①）。

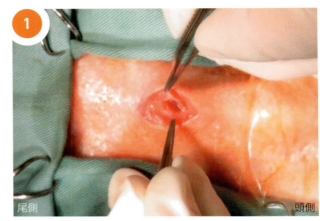

皮下組織を剥離した後、白線上で腹壁切開を行う。

メッツェンバウム剪刀を用いて小切開部位から頭側および尾側に切開を広げる（図5-2-9-②）。

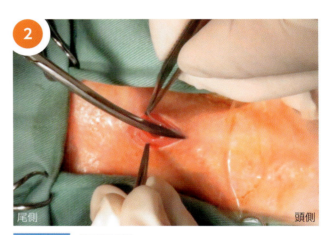

図5-2-9　腹壁切開

Tips

ハリネズミの腹筋は犬や猫に比べて薄いため、腹壁切開時には直下に存在する消化管を傷つけないようにメスは上向きにして用い、十分に注意をして腹壁切開を行うことが重要である。腹壁切開時に腹壁を十分に挙上して腹壁と盲腸間に隙間をつくること、小切開後に腹腔内に空気が流入してより多くの空間ができたことを確認してから切開を広げることで、盲腸壁を傷つけるリスクを軽減できる。

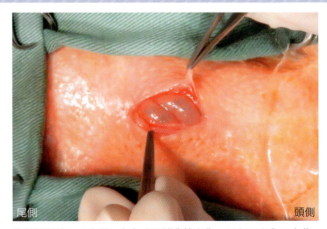

腹壁切開時には直下に存在する消化管を傷つけないように十分に注意する。

子宮の確認

切開部位から子宮を確認する。通常、子宮は容易に確認できるが、確認できない場合は用手や綿棒、鉗子などを用いて大網や脂肪をよけて子宮を確認する（図5-2-10）。

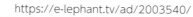

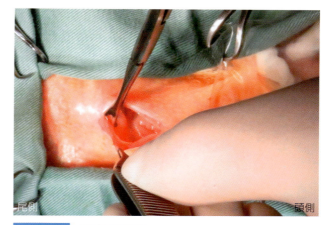

図5-2-10 子宮の確認

子宮の牽引

確認した子宮を用手もしくはバブコック鉗子などを用いて腹腔外へ牽引する。この際、子宮の組織を傷つけないように鉗子は完全に咬まず、やさしく牽引する（図5-2-11）。

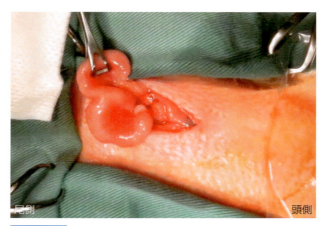

図5-2-11 子宮の牽引

Tips

子宮疾患に罹患している症例では、腫大した子宮を腹腔外に牽引できる程度の大きさまで腹壁切開を広げる。ハリネズミの子宮は大網に覆われていることも多い。

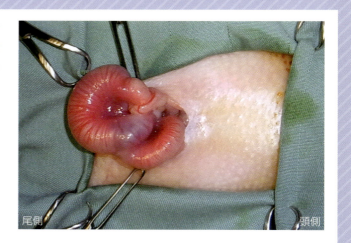

卵巣・子宮広間膜の処置

卵巣動静脈や卵巣提索の結紮

卵巣は子宮の先端部に付着するように存在しており、卵巣動静脈や卵巣提索は肉眼ではっきりとは確認できないことが多い。子宮を牽引し、子宮〜腟移行部まで腹腔外へ露出する。

子宮広間膜に小孔を開け、同孔から4-0吸収糸を通し、遠位に1糸、近位に2糸結紮する（図5-2-12-①）。

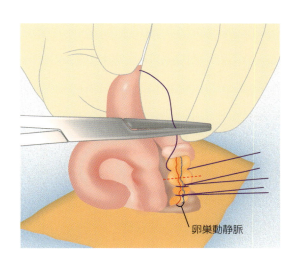

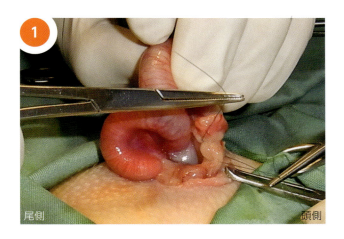

卵巣動静脈や卵巣提索の切断と子宮広間膜の処置

近位2糸と遠位1糸の間をメッツェンバウム剪刀にて切断する。もしくはシーリング装置などを用いて同部の血管や子宮広間膜を処理し、メッツェンバウム剪刀で切断する（図5-2-12-②）。

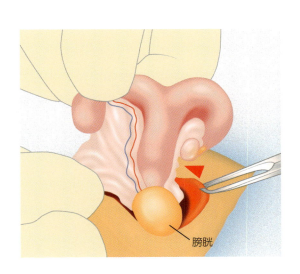

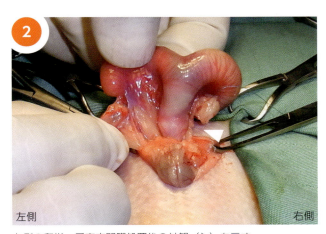

右側の卵巣・子宮広間膜処置後の外観（▷）を示す。

図5-2-12 卵巣・子宮広間膜の処置

対側の卵巣周囲の処置

同様の処置を対側にも実施する。今回、片側は結紮糸（図5-2-12）、対側はシーリング装置（LigaSure™：コヴィディエンジャパン）を用いた方法（図5-2-13）を紹介する。シーリング装置を利用することで脂肪内の血管の探索や縫合糸による結紮が不要となり、体内に異物を残すこともなく手術時間の短縮が期待できる。

子宮広間膜はシーリング装置を用いて処理することもできる（図5-2-13-①）。

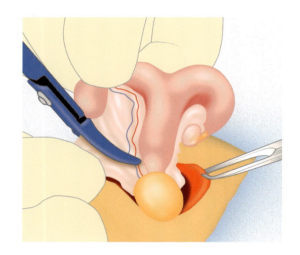

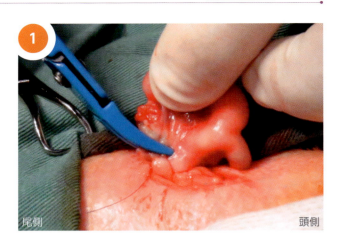

シーリング後に子宮広間膜をメッツェンバウム剪刀を用いて切断する（図5-2-13-②）。

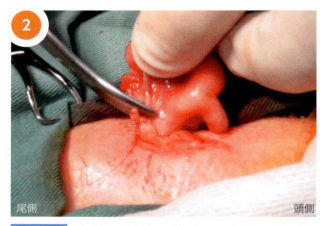

図5-2-13 卵巣・子宮広間膜の処置（シーリング装置使用）

Tips

- 子宮広間膜への血管分布は限られており、通常はシーリング装置を用いたり、小さな個体ではバイポーラ型電気メスなどを用いても止血と切断を実施できる。
- 子宮広間膜の処理や血管の結紮は、子宮部ではなく腟部外側で行うことが重要である。
- 子宮広間膜の処理を腟壁近縁（図内点線部）まで実施することで腟切断時の出血を最小限に抑えることができる。

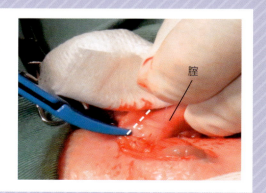

子宮断端の処置

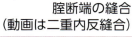
https://e-lephant.tv/ad/2003542/
腟の鉗圧と切断

https://e-lephant.tv/ad/2003543/
腟断端の縫合
（動画は二重内反縫合）

腟の鉗圧と切断

卵巣・子宮を摘出する際、切除後の縫合が行いやすいことと、子宮断端腫の発生を予防するために筆者は腟で切断している。子宮広間膜の処理後、腟の切断予定部位の近位と遠位に腸鉗子をそれぞれ設置する（図5-2-14）。

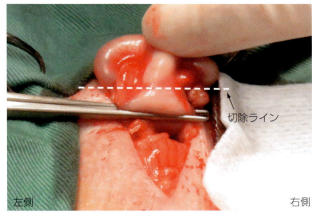

図5-2-14 腟の鉗圧と切断

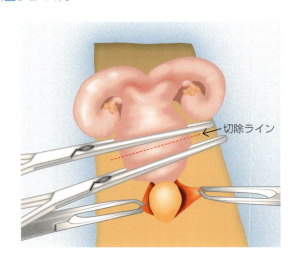

縫い代を残して設置した腸鉗子間で腟を切断し、卵巣や卵管、子宮と腟の一部を摘出する（図5-2-15）。

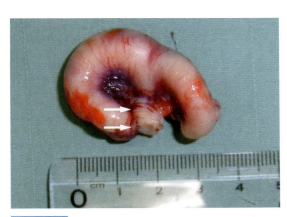

図5-2-15 摘出した卵巣、子宮と腟の一部
腟の一部（⇨）とともに摘出された卵巣と子宮が確認できる。写真の子宮は左右不対称で子宮疾患が疑われる。外観上の異常がみられる場合は病理組織学的検査に提出する。

腟断端の縫合

ハリネズミの腟壁は比較的厚いため、必要に応じて内腔をメスもしくはメッツェンバウム剪刀でトリミングする。切断した腟断端を4-0吸収糸を用いて連続縫合する（図5-2-16）。この際、縫いはじめと縫いおわりの部分で腟を貫通結紮しておくと、縫合後の出血が生じるリスクを軽減できる。縫合後に腸鉗子を外して出血がないことを確認し、縫合糸を切断する。腸鉗子を外した際、出血がみられる場合は追加の結紮を行い、確実に出血がないことを確認する。

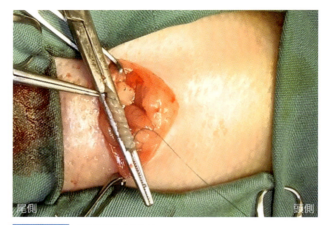

図5-2-16 腟断端の縫合

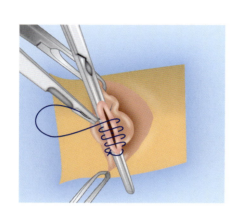

Tips

ハリネズミの腟壁は比較的厚いため（図5-2-17-A）、壁の内腔の一部をメスもしくはメッツェンバウム剪刀を用いてトリミングすることで腟断端の縫合が容易になる（図5-2-17-B）。

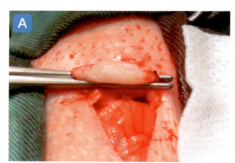
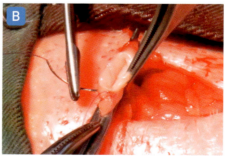

図5-2-17 内腔のトリミング

腹壁縫合

　腹腔内に出血がないことを確認した後、腹壁を縫合する。4-0の吸収糸を用いて、単純結節縫合もしくは連続縫合を行う（図5-2-18）。

https://e-lephant.tv/ad/2003544/
腹壁縫合

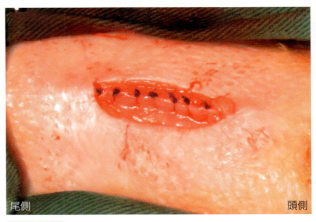

図5-2-18　腹壁縫合

皮下縫合および皮膚縫合

https://e-lephant.tv/ad/2003545/
皮下縫合および皮膚縫合

　皮下縫合は、4-0もしくは5-0の吸収糸を用いて単純連続縫合を行う（図5-2-19）。

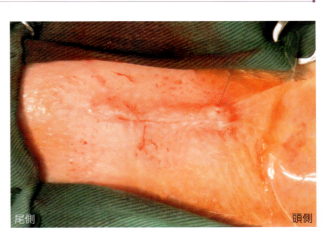

図5-2-19　皮下縫合

　皮膚縫合は、4-0のナイロン糸を用いて単純結節縫合を行う（図5-2-20）。

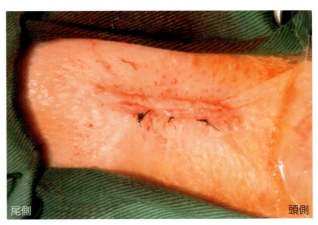

図5-2-20　皮膚縫合

145

図5-2-21 術後
手術終了後は麻酔覚醒前に静脈留置を抜去し、出血がないことを確認する。

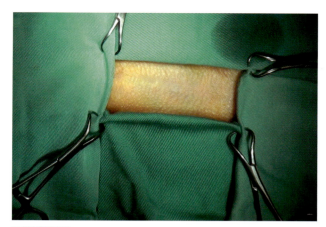

図5-2-22 ハリネズミの避妊手術動画（通し）

https://e-lephant.tv/ad/2003546/
ハリネズミの避妊手術動画（通し）

術後管理

手術終了後は麻酔覚醒前に静脈留置を抜去し、出血がないことを確認する（図5-2-21）。症例は頭頸胸部を挙上させた伏臥位姿勢で維持し、呼吸状態やSpO₂値に問題がなければ入院ケージに移動させ、完全に覚醒するまでは監視を続ける。エリザベスカラーの装着は難しいため行わない。手術当日は1日入院治療し翌日退院させることが多い。必要に応じて鎮痛薬（メロキシカム 0.5 mg/kg、1日1回）や抗菌薬（エンロフロキサシン 5～10 mg/kg、1日1回）などを数日間処方する。抜糸は術後10～14日に実施する。

飲水や食事は、術後5～6時間に症例の様子をみて開始する。

合併症

ハリネズミの避妊手術にともなう合併症で特異的なものはない。術中はしっかりと止血を行い、麻酔管理や周術期管理を適切に行うことが重要である。

おわりに

ハリネズミは近年急激に愛玩動物としての人気が上昇してきた動物である。それにともない動物病院への来院数も増加しており、さまざまな知見が蓄積されつつある。そのなかで、ウサギと同様に雌性生殖器疾患の罹患率が高いことが報告されている[1,2]。ウサギと同様、多くの雌性生殖器疾患は外科的治療により完治が期待できる疾患であり、手技自体もそれほど難しいものではない。本稿で紹介した方法を参考に（図5-2-22）、多くの先生がハリネズミでも卵巣子宮摘出術を積極的に行っていただければ幸いである。

その他の動物の卵巣子宮摘出術について

　ウサギやハリネズミは子宮疾患が多く、卵巣疾患が少ないのに対し、モルモットでは子宮疾患よりも卵巣疾患に遭遇する率が高い。また、チンチラやゴールデンハムスターでは子宮蓄膿症に遭遇する率が比較的高く、プレーリードッグやデグーなどでは雌性生殖器疾患に遭遇する率が比較的少ない。このように主要な種のみに限っても、動物種ごとに雌性生殖器疾患の罹患率や発生部位、疾患の種類などはさまざまである。また、それぞれの種で解剖学的な特徴はもちろん、麻酔や手術による侵襲や周術期におけるストレスに対する反応もさまざまである。例えば、ウサギと同様に扱われることの多い**モルモットは腹腔内の刺激や疼痛に対して非常に感受性が高い。避妊手術後に体調を崩す症例が多く、最悪の場合は命にかかわることもある。**

　以上のような理由から、犬・猫以外の愛玩動物で今回紹介したウサギやハリネズミ以外に疾患予防の目的で卵巣子宮摘出術が積極的に勧められている種はほとんどない。一方で、繁殖を抑制する目的や生殖器疾患に罹患した際に卵巣子宮摘出術を実施しなければならない症例に遭遇することもある。そのような場合でも基本的な手技や注意点は犬・猫と同じである。しかし、今回紹介したウサギとハリネズミでも明らかなように種ごとの小さな違いや注意点はいくつも存在する。疾患予防や繁殖抑制を目的とした卵巣子宮摘出術は健常な動物に対する手術であり、万一の場合に飼い主に与えるインパクトも大きい。

　このため、扱い慣れていない動物種に対して卵巣子宮摘出術を行う際には最低限、その動物種の解剖を理解し、手術手技だけではなく麻酔や周術期管理についてもできるかぎり情報を集めておくことが重要である。

Tips

犬・猫での原則を踏まえたうえで動物種ごとに異なる特徴を理解する。一例としてモルモットは手術侵襲や疼痛によるストレスに非常に弱い。また、卵巣提索が短く卵巣摘出には背側アプローチが推奨されることもある。このため、ウサギと同様に実施すれば大丈夫と安易に考えずに、事前にできるかぎり情報収集を行って準備し、飼い主にインフォームすることが重要である。

【参考文献】

1. Chambers, J. K., Shiga, T., Takimoto, H., *et al.*(2018): Proliferative Lesions of the Endometrium of 50 Four-Toed Hedgehogs (Atelerix albiventris). *Vet. Pathol.,* 55(4):562-571.
2. 中田真琴(2017): 泌尿生殖器疾患. In: エキゾチック臨床 vol.17 ハリネズミとフクロモモンガの診療(三輪恭嗣 監修), pp.69-92, 学窓社.

索 引

■ あ

悪性乳腺腫瘍の発生リスクの低減	10
アドソン鑷子	25
アリス鉗子	27

■ お

折り鶴練習法	113

■ か

関節疾患	11
貫通結紮	43,130

■ き

気腹圧	83
気腹装置	77
気腹流量	83
キャビテーション	111
記録装置	78

■ け

外科剪刀	24
血管肉腫	11
ケリー鉗子	26

■ こ

コアキシャル・セッティング	80
光源装置	77
股関節形成不全	11
呼気終末二酸化炭素分圧	82
呼気終末陽圧	83
骨肉腫	11
コッヘル鉗子	26
固有卵巣索	14,75
コンバートのタイミング	112

■ し

子宮	14,21,75,117,134
子宮角	14,75
子宮間膜	75,117
子宮頸	14,75
子宮広間膜	75,117,134
子宮静脈	16
子宮体	14,75,117
子宮断端膿瘍	60
子宮蓄膿症	10
子宮吊り出し鉤	33,49
子宮動脈	16
持針器	28
手術台	79
手術部位感染症	22
術後腹壁ヘルニア	68
人工呼吸器	80

■ す

スペイフック	110

■ せ

鑷子	25
前十字靭帯断裂	11
剪刀	24

■ そ

臓器損傷	111

■ た

タオル鉗子	27
断端蓄膿症	60
断端肉芽腫	63

■ ち

腟	14,117,134
超音波凝固切開装置	29,79
重複子宮	117

■ て

テレスコープ	77

電気メス ……………………………… 28

■ と

ドベーキー鑷子 ……………………… 25
ドライボックスでの結紮練習法 …… 113
トロッカー …………………………… 78
トロッカーの選択 …………………… 82

■ な

内視鏡タワー ………………………… 79

■ に

尿管損傷 ……………………………… 64
尿失禁 ……………………………… 11,66

■ は

パラアキシャル・セッティング …… 80
バルーントロッカー ………………… 79

■ ひ

皮下気腫 ……………………………… 112
ビデオカメラ装置 …………………… 76
肥満 …………………………………… 11
肥満細胞腫 …………………………… 11

■ ふ

腹腔鏡下卵巣子宮摘出術（2ポート法）… 110
腹腔鏡専用の鉗子 …………………… 79
腹腔鏡用ガーゼ ……………………… 111
腹腔内出血 ………………………… 58,111

■ へ

ペアン鉗子 …………………………… 26
ベンチレーター ……………………… 80

■ ほ

縫合糸肉芽腫 ………………………… 63

■ む

無鉤鑷子 ……………………………… 25

■ め

メス柄 ………………………………… 28
メス刃 ………………………………… 28
メッツェンバウム剪刀 ……………… 24

■ も

モスキート鉗子 ……………………… 26

■ ゆ

有鉤鑷子 ……………………………… 25

■ ら

卵管 ……………………………… 14,117,134
卵管間膜 ………………………… 14,75,117
卵巣 …………………… 14,21,74,117,134
卵巣遺残 ………………………… 60,112
卵巣間膜 ………………………… 14,75,117
卵巣脂肪体 ……………………… 117,124
卵巣静脈 ………………………… 16,76
卵巣提索 ………………………… 14,75
卵巣動静脈からの出血 …………… 112
卵巣動脈 ………………………… 16,75

＜欧文ではじまる語＞

EtCo2 ➡呼気終末二酸化炭素分圧
PEEP (Positive end expiratory pressure)
　➡呼気終末陽圧
SSI (Surgical site infection) ➡手術部位感染症

＜数字ではじまる語＞

3鉗子法 ……………………………… 37
8の字に結紮する方法 ……………… 37

執筆者プロフィール

福井 翔　FUKUI, Sho
（ライフメイト動物救急センター八王子、江別白樺通りアニマルクリニック）

獣医師・日本小動物外科専門医、獣医学博士。酪農学園大学獣医学部外科学教室卒業後、同大学病院腫瘍科-麻酔科研修医を経て、小動物外科レジデントプログラムに従事。レジデントプログラム修了後、同大学博士課程を修了し、江別白樺通りアニマルクリニックを開院。現在はライフメイトグループに参加しライフメイト動物救急センター八王子にて軟部外科を担当。

金井 浩雄　KANAI, Hiroo
（かない動物病院）

獣医師・博士（獣医学）。岐阜大学卒業後、かない動物病院を開院。2022年に大阪府立大学（現大阪公立大学）において内視鏡外科の研究（腹腔鏡下胆嚢摘出術、特発性乳び胸の胸腔鏡手術）にて博士号を取得。大阪公立大学獣医学部客員研究員、日本獣医内視鏡外科学会・VES（Veterinary Endoscopy Society）会員、カールストルツ・エンドスコピー・ジャパン学術アドバイザー、SAMIT（Study group of Small Animal Minimally Invasive Treatment）代表。

三輪 恭嗣　MIWA, Yasutsugu
（日本エキゾチック動物医療センター、東京大学附属動物医療センター、宮崎大学農学部附属動物病院）

獣医師・博士（獣医学）。宮崎大学獣医学科卒業後、東京大学獣医外科研究生、研究員を経てエキゾチック動物専門の特任教員となり、みわエキゾチック動物病院開院（現 日本エキゾチック動物医療センター）。現在、東京大学と宮崎大学でエキゾチック動物の診療と教育を行い、都内でエキゾチック動物の専門病院を開業している。専門はエキゾチック動物獣医療であり、日本獣医エキゾチック動物学会会長を務めている。

【画像協力】

長櫓 司　　　（きたの森動物病院）
耕三寺 宏安　（山口獣医科医院）
保坂 真美　　（山口獣医科医院）
小川名 巧　　（ライフメイト動物救急センター八王子）

小動物基礎臨床技術シリーズ
卵巣子宮摘出術

2024年8月1日　第1版第1刷発行

著　　　者　福井　翔、金井浩雄、三輪恭嗣
発　行　者　太田宗雪
発　行　所　株式会社 EDUWARD Press（エデュワードプレス）
　　　　　　〒194-0022　東京都町田市森野1-24-13　ギャランフォトビル3階
　　　　　　編集部：Tel. 042-707-6138 ／ Fax. 042-707-6139
　　　　　　販売推進課（受注専用）：Tel. 0120-80-1906 ／ Fax. 0120-80-1872
　　　　　　E-mail：info@eduward.jp
　　　　　　Web Site：https://eduward.jp（コーポレートサイト）
　　　　　　　　　　　https://eduward.online（オンラインショップ）

表紙デザイン　アイル企画
本文デザイン　飯岡恵美子
イラスト　　　龍屋意匠合同会社
組　　　版　　Creative Works KSt
印刷・製本　　瞬報社写真印刷株式会社

乱丁・落丁本は、送料弊社負担にてお取替えいたします。
本書の内容に変更・訂正などがあった場合は弊社コーポレートサイトの「SUPPORT」に掲載されております
正誤表でお知らせいたします。
本書の内容の一部または全部を無断で複写・複製・転載することを禁じます。

© 2024 EDUWARD Press Co., Ltd. All Rights Reserved. Printed in Japan.
ISBN978-4-86671-226-0　C3047

小動物 基礎臨床技術 シリーズ

臨床現場に出たばかりの若手獣医師は、学校教育での学びと臨床現場で求められるスキルのギャップに戸惑いがちです。
本シリーズでは、「若手獣医師が卒後すぐの現場で求められるスキルを身に付けられる」を
コンセプトに、現場で必要とされている手技の解説を行っています。
手技をイメージしやすく、より理解を深められ、さらに実際の業務にそのまま活用できるように、
写真やイラスト、動画を多く用いていることが特徴です。

こんな方におすすめ

- ☑ 外科をイチから学びたい方
- ☑ 一次診療で行う外科を確実に行えるようにしたい方
- ☑ 外科に関する基礎知識を網羅したい方
- ☑ 手術に携わる獣医師または愛玩動物看護師
- ☑ 外科に必要な基本的テクニックを学びたい方
- ☑ 勤務医に外科スキルアップを目指してもらいたい方

外科の準備の基本
【監修】武内 亮
【著者】大脇 稜、竹内 恭介、
　　　　武内 亮、松本 創
【定価】16,500 円（税込）【発刊日】2024 年 6 月 1 日

縫合法
【監修】左近允 巖
【著者】古田 健介
【定価】16,500 円（税込）【発刊日】2024 年 6 月 1 日

手術器具の基本操作
【監修】浅野 和之
【著者】石垣 久美子、田村 啓、櫻井 尚輝
【定価】16,500 円（税込）【発刊日】2024 年 6 月 1 日

精巣・精巣腫瘍摘出術
【監修】藤田 淳、金井 浩雄、三輪 恭嗣
【著者】戸村 慎太郎、高橋 洋介、岩田 泰介、
　　　　橋本 裕子、金井 浩雄、西村 政晃
【定価】16,500 円（税込）【発刊日】2024 年 8 月 1 日

卵巣子宮摘出術
【著者】福井 翔、金井 浩雄、三輪 恭嗣
【定価】16,500 円（税込）【発刊日】2024 年 8 月 1 日

創傷管理 －ドレッシングと縫合－
【著者】山本 剛和
【定価】16,500 円（税込）【発刊日】2024 年 8 月 1 日

今後のシリーズラインナップ

- 身体検査
- 生検の手技
- 入院管理
- 基本の麻酔・疼痛管理
- 救急対応

※タイトルは変更となる可能性があります

本書の詳細
https://eduward.online/basic_clinical_techniques

〈デジタル版も発刊!!〉

EDUWARD eBOOK
https://e-lephant.tv/ebook-ch

 　オンラインサイト　https://eduward.online

TEL. 0120-80-1906　受付：平日9:00～17:00　　Mail toiawase@eduward.jp